特定非営利活動法人日本メディカルハーブ協会認定

# ハーブ&ライフ検定テキスト

## 公式テキスト

特定非営利活動法人
日本メディカルハーブ協会検定委員会　監修

池田書店

# はじめに

　レストランやカフェではさまざまなレシピにとり入れられ、デパートやスーパーでもよく見かけるようになったハーブ・スパイスは、すでに私たちの生活の一部になっています。また、近年では、ハーブがもつ成分を健康や美容に役立てようという「メディカルハーブ」の分野がクローズアップされてきています。

　その一方で、健康や美容など、暮らしのなかでハーブ・スパイスをどのように役立てるか、ということについては、よく知らない方も多いのではないでしょうか。

　ハーブ＆ライフ検定では、ハーブ・スパイスを暮らしにとり入れる方法を理解しながら、香りと彩りのある豊かなライフスタイルを学びます。

　ハーブ＆ライフ検定のコンセプトは、「ハーブ・スパイスを使いながら生活を豊かにするライフスタイルを学ぶ」ことです。また、日本メディカルハーブ協会認定資格の「ハーブ＆ライフコーディネーター」への入り口でもあります。

　ハーブ＆ライフコーディネーターとは、ハーブ・スパイスを生活のなかで楽しむために必要な、56種類のハーブ・スパイスの基本的な知識とともに、食卓や美容・健康へのとり入れ方、さらには育て方などを理解し、広めることができる資格です。

　検定を通じて、ハーブ・スパイスを暮らしのなかで楽しみながら、彩りあるライフスタイルを身につけましょう。

# ハーブ＆ライフ検定について

　日本メディカルハーブ協会では、これまで通学制の教育プログラムを設けて資格認定を行ってきました。しかし、まとまった時間がとりにくい、認定校が生活圏になく、通学が難しいといった声が寄せられたことから、2007年よりメディカルハーブ検定を実施しています。これは自宅などで時間を選ばずにハーブを学んでいただけるもので、これまでに多くの方にメディカルハーブの有用性について理解を深めていただいています。

　セルフケアを目的に、メディカルハーブの入り口として15種類のハーブの安全性や有用性を学ぶメディカルハーブ検定に対し、ハーブ＆ライフ検定は「ハーブ・スパイスを使いながら生活を豊かにするライフスタイルを学ぶ」ことをコンセプトにしています。キッチンやリビング、バスルームなど日々の暮らしのなかで、さまざまに役立てることができる56種類のハーブ・スパイスを使いながら学ぶ検定です。

　ハーブ・スパイスに囲まれた、香りと彩り豊かなライフスタイルは、自身や家族、友人のケアにも役立ちます。それだけでなく、レストランやハーブショップ、アロマサロンなどでのサービスに必要な知識としても活用してください。

## 検定概要

| | |
|---|---|
| 試験の日時・実施場所 | 日本メディカルハーブ協会のウェブサイトで告知<br>http://www.medicalherb.or.jp/ |
| 受験料 | 6000円（税別） |
| 受験資格 | 特に問いません（年齢、経験など） |
| 受験形式 | オンラインによる選択式 |
| 出題範囲 | 『ハーブ＆ライフ検定テキスト』<br>（テキスト以外の内容が一部出題されることがあります） |
| 申込方法 | 受験要項に記載 |

## ハーブ＆ライフコーディネーター資格について

ハーブ＆ライフ検定合格後に、日本メディカルハーブ協会の会員になると、ハーブ＆ライフコーディネーター資格が認定され、認定証が交付されます。

# もくじ

はじめに …………………………………… 002
本書の使い方 ……………………………… 007
特定非営利活動法人
　日本メディカルハーブ協会（JAMHA）
　について ………………………………… 008

## Part 1　ハーブ・スパイスを知る …………… 009

ハーブ・スパイスとは …………………… 010
ハーブ・スパイスの歴史 ………………… 012
ハーブ・スパイスのとり入れ方 ………… 014
ハーブ・スパイスを安全に
　使用するために ………………………… 016

## Part 2　ハーブ・スパイスを料理で楽しむ ……… 019

食とハーブ・スパイス …………………… 020
ハーブオムレツ＆パンケーキ …………… 023
ルッコラとエビのマスタードサラダ …… 023
新じゃがのローズマリー焼き …………… 024
ハーブソーセージ＆ザワークラウト …… 025
ポトフ ……………………………………… 026
トムヤムクン ……………………………… 027
サブジカレー＆クミンライス …………… 029
ジェノベーゼパスタ ……………………… 030
サケのソテー＆ハーブタルタルソース … 031

鶏肉のハーブ焼き ………………………… 033
洋風＆中華風ピクルス …………………… 033
サーモンマリネ　ディル風味 …………… 035
アシタバのゴマ和え ……………………… 035
ハイビスカスとラベンダーのゼリー …… 035
七草粥 ……………………………………… 036

## Part 3　ハーブ・スパイスをティーで楽しむ …… 037

ティーの基本 ……………………………… 038
基本のいれ方 ……………………………… 040
　● お湯でいれる方法 …………………… 040
　● 水でいれる方法 ……………………… 041
ティーにおすすめのハーブ ……………… 042
おすすめレシピ …………………………… 044
ハーブ・スパイスを使ったドリンク …… 046
　● チャイ ………………………………… 047
　● ハーブ・スパイスティー …………… 047
　● ハーブ・スパイスコーヒー ………… 047
　● ジンジャーエール …………………… 048
　● ハーブウォーター …………………… 048
　● シソジュース ………………………… 048
　● ハーブ・スパイスビール …………… 049
　● モヒート ……………………………… 049
　● サングリア …………………………… 049
ハーブコーディアル ……………………… 050

## Part 4 ハーブ・スパイスを美容・健康・生活に役立てる …… 051

ハーバルバス …………………………… 052
- 全身浴 ………………………… 053
- 半身浴 ………………………… 054
- 部分浴 ………………………… 055
- おすすめレシピ ……………… 056

Column　アロマバス ………………… 057
Column　バスソルト ………………… 057

フェイシャルケア ……………………… 058
- フェイシャルスチーム ……… 059
- フェイシャルマスク ………… 060
- おすすめレシピ ……………… 061

芳香浴 …………………………………… 062
- 基本の方法 …………………… 063
- 芳香浴におすすめの
  ハーブ・スパイスと精油 …… 064

クラフト ………………………………… 066
- 部屋の芳香剤・消臭剤に …… 067
- ペットの消臭・虫よけに …… 068
- シューキーパー ……………… 069
- フルーツポマンダー ………… 070

## Part 5 ハーブ・スパイスを育てる …… 071

ハーブ・スパイス栽培の基本 ………… 072

- 苗から育てる ………………… 074
- 種から育てる ………………… 075
- 管理のポイント ……………… 076
- ハーブ・スパイスの殖やし方 … 078

Column　ドライハーブ・ドライスパイスの作り方 ………………………………… 079

ハーブ・スパイスを使ったテーブルコーディネート …………… 080
- おしぼり ……………………… 082
- カトラリーレスト …………… 082
- ナプキンリング・リース …… 083
- ウォーターキャンドル ……… 083

ハーブ・スパイスを使ったフラワーアレンジ …………………… 084
- タッジーマッジー …………… 085
- ローズマリーリース ………… 085
- ラベンダーバンドルズ ……… 086

## Part 6 ハーブ・スパイス事典 …… 087

ハーブ・スパイス事典の使い方 ……… 088

**西洋のハーブ**

オレガノ ………………………………… 090
カルダモン ……………………………… 091
ガーリック ……………………………… 092
クローブ ………………………………… 093
コリアンダー …………………………… 094
サフラン ………………………………… 095

| | |
|---|---|
| シナモン | 096 |
| ジンジャー | 097 |
| スターアニス | 098 |
| セージ | 099 |
| ターメリック | 100 |
| タイム | 101 |
| タラゴン | 102 |
| ディル | 103 |
| ナツメグ | 104 |
| バジル | 105 |
| フェンネル | 106 |
| ペッパー | 107 |
| ミント | 108 |
| ラベンダー | 109 |
| レモングラス | 110 |
| ローズマリー | 111 |
| ローレル | 112 |
| アニス | 113 |
| イタリアンパセリ | 113 |
| カイエンペッパー | 114 |
| キャラウェイ | 114 |
| クミン | 115 |
| ケイパー | 115 |
| スイートマジョラム | 116 |
| チャービル | 116 |
| チャイブ | 117 |
| バニラ | 117 |
| フェネグリーク | 118 |
| マスタード | 118 |
| ルッコラ | 119 |

Column
　世界のミックススパイス1 …… 119

### 日本のハーブ

| | |
|---|---|
| クチナシ | 120 |
| ゲットウ | 121 |
| サンショウ | 122 |
| シソ | 123 |
| スギナ | 124 |
| ドクダミ | 125 |
| ハトムギ | 126 |
| ヨモギ | 127 |
| 和ハッカ | 128 |
| アシタバ | 129 |
| エゴマ | 129 |
| クコ | 130 |
| クズ | 130 |
| ゴマ | 131 |
| セリ | 131 |
| チャ | 132 |
| ハコベ | 132 |
| ビワ | 133 |
| ユズ | 133 |
| ワサビ | 134 |

Column
　世界のミックススパイス2 …… 134

### 巻末付録 …… 135

| | |
|---|---|
| ハーブ＆ライフ検定の例題 | 136 |
| 解答 | 138 |
| 用語集 | 140 |
| おわりに | 142 |

# 本書の使い方

本書の内容は特定非営利活動法人日本メディカルハーブ協会が実施する
ハーブ＆ライフ検定試験に対応して編集したものであり、以下のような構成になっています。

### ●Part1　ハーブ・スパイスを知る
ハーブ・スパイスの定義と歴史、とり入れ方などを解説しています。

### ●Part2　ハーブ・スパイスを料理で楽しむ
ハーブ・スパイスを料理にとり入れる方法を紹介しています。

**レシピのルール**
- 材料はすべて、廃棄量を含んだ分量です。
- 計量は1カップは200ml、大さじ1は15ml、小さじ1は5mlです。
- ガーリック1片は10g、ジンジャー1かけは10gです。
- 砂糖は上白糖、塩は自然塩、しょうゆは濃口しょうゆ、みそは一般的なみそ、酢は米酢を使用しています。
- 火加減の表記がない場合は、基本的に中火です。煮物などの弱火は、煮汁がふつふつと沸騰している状態を保つように調整してください。
- 電子レンジの加熱時間は600Wが基準です。500Wの場合は1.2倍、700Wの場合は0.8倍の時間で調整してください。電子レンジの機種によって加熱時間に差があるので、様子をみながら加熱しましょう。

### ●Part3　ハーブ・スパイスをティーで楽しむ
ハーブ・スパイスをティーやドリンクで活用する方法の解説です。
ティーにおすすめのものや、目的別のおすすめレシピも紹介しています。

### ●Part4　ハーブ・スパイスを美容・健康・生活に役立てる
入浴やフェイスケア、クラフト作りなど、
ハーブ・スパイスを暮らしのなかで役立てる方法を紹介しています。

### ●Part5　ハーブ・スパイスを育てる
ハーブ・スパイスの育て方の基本を解説しています。
育てたハーブ・スパイスの使い方の紹介もあります。

### ●Part6　ハーブ・スパイス事典
検定試験の対象になっている56種類のハーブ・スパイスについて、
学名や作用、利用法など、個々の特徴をまとめています。

＊ハーブ＆ライフ検定試験は上記「Part1」～「Part6」の内容から出題されます。
　各パートを熟読したうえで巻末の例題を解いて、試験にそなえてください。

特定非営利活動法人
# 日本メディカルハーブ協会（JAMHA）について

日本では、1970年代から欧米の生活文化のひとつとしてハーブが紹介され、料理や栽培などの分野で急速に普及しました。その一方で、医療や健康作りの分野での活用については取り組みが遅れ、情報も不足していて、公的団体も存在しませんでした。

そこで、1999年に医療従事者や学識経験者、業界関係者などが集い、日本メディカルハーブ協会の前身である、メディカルハーブ広報センターを設立しました。2006年には特定非営利活動法人として法人格を取得し、日本メディカルハーブ協会と名称を変更しました。

メディカルハーブに関する正しい情報の提供と、健全な普及を目的に、以下の3事業を中心としたさまざまな活動を行っています。

### ❶ 調査・研究事業
メディカルハーブの安全性、有用性に関する調査ならびに研究などを行います。

### ❷ 指導者、専門家を育成するための教育事業
メディカルハーブに関する検定試験の実施、および資格の認定などを行います。

### ❸ 普及事業
講習会、セミナー、シンポジウムなどの開催による啓発活動、会報誌の発行、ホームページの運営などを行います。

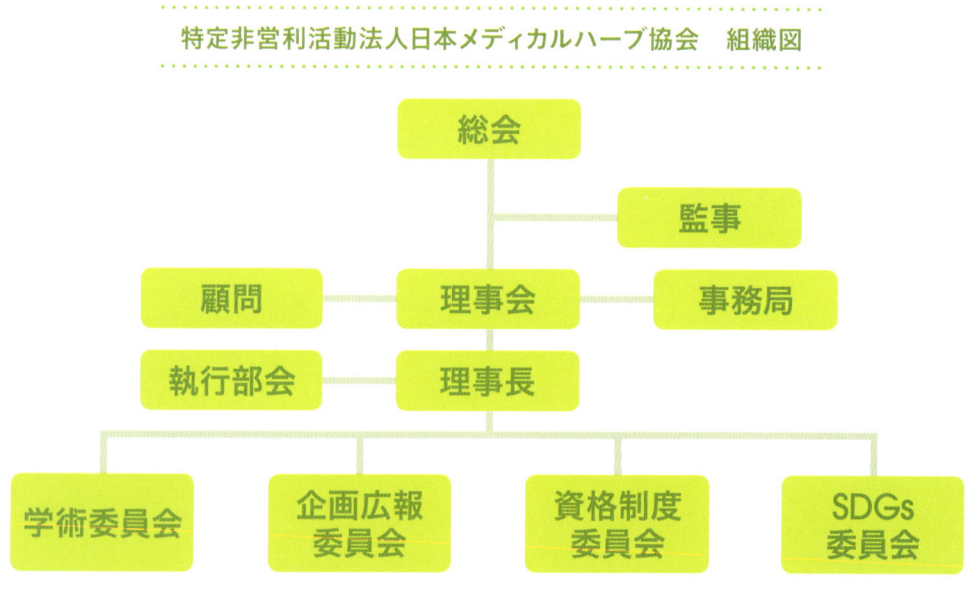

特定非営利活動法人日本メディカルハーブ協会　組織図

# Part 1

## ハーブ・スパイスを知る

ハーブ・スパイスを暮らしにとり入れるために、
まずは知ることから始めましょう。
ハーブ・スパイスとは何なのか、
人との関わり、歴史などを解説します。

# ハーブ・スパイスとは

## 植物と人の関わり

　昔から、人の暮らしには、いつも植物がありました。食用や薬用としてだけでなく、人々は五感を利用して、四季折々に植物のさまざまな恩恵を受けてきたのです。

　ハーブ・スパイスも、古くから幅広い分野で利用されています。食の面では、食品の保存や防腐のためにハーブ・スパイスを使ってきました。染色では古代からハーブを使い、多様な色を生み出してきました。そのほかにも祈りや儀式など、ハーブ・スパイスが活用された分野は多方面にわたります。人はハーブ・スパイスをとり入れることで、暮らしを豊かに彩ってきたのです。

## 薬草としての利用

　医薬品のない時代には、ハーブ・スパイスは薬草として病気の治療や予防などに用いられてきました。昔から続いている、さまざまな伝統的な自然療法などを代替療法といいます。これらに共通するのは、基本的に人の体にもともと備わっている自然治癒力を高めるところです。ハーブ・スパイスを使った「アーユルヴェーダ」「植物療法」「中国伝統医学」「ユナニ医学」「チベット伝統医学」なども、そのひとつに数えられます。

　自然療法をはじめ、ハーブやスパイスが暮らしにとり入れられ、QOL（クオリティ・オブ・ライフ）を高める役割は、今後ますます大きくなるでしょう。

## ハーブ・スパイスの定義

　ハーブやスパイスと呼ばれる植物は数多くあります。しかしながら、これらの定義について世界に共通するものはなく、植物自体の分布地域、使用部位、形態（ドライ、フレッシュなど）などで適宜分類されています。

　日本メディカルハーブ協会では、ハーブを「人々の生活に役立つ、香りのある植物」として扱っています。ハーブが利用される分野は、健康、美容のほか、園芸、染料や香料、祭祀など多岐にわたります。そのなかでも食品（飲料を含む）として使用され、香りや味に特徴のある植物またはその加工品を、特にスパイスとして扱うものとします。

　ハーブとスパイスの区別は植物の種類によって決められるものではなく、目的や用途によって変わる場合や、使用する部位によって異なる場合もあります。

　ハーブ・スパイスは形態によって、「フレッシュ（生）」と「ドライ（乾燥）」に大別されます。「フレッシュ」は生で使用するハーブ・スパイスのことで、植物本来の鮮やかな色と香りを楽しむことができます。最近では、スーパーでもミントやバジル、ルッコラなどをよく見かけるようになりました。

「ドライ」は乾燥させたハーブ・スパイスのことで、長期保存が可能で、フレッシュより入手しやすく、一年中手軽に使えます。

それぞれの形態により、さらに分類されます。①「ホール」は、果実や蕾、葉などの形をそのまま乾燥させたものです。②「粗びき」は、ホールのものを粗くくだき、粒状に形を整えたものです。③「パウダー」は、ホールを細かくくだき、粉状にしたものです。風味に違いはありませんが、ホールのほうがより強い香りを楽しめます。

さらに、複数のハーブ・スパイスをミックスすることで、味や香りに深みが出たり、丸みのある香りになったりします。詳しくは、p.119、134を参照してください。

利用する部位による分類もあります。葉や果実、種子の部分を利用するものが多いですが、ハーブ・スパイスによっては蕾やめしべを利用するもの、ひとつの植物で複数の部位を使うものもあります。

●葉　コリアンダー、セージ、タイム、バジル、シソなど

●種子　マスタード、ゴマ、コリアンダーなど

●果実　カイエンペッパー、フェンネル、ペッパー、クコなど

●根、根茎　ジンジャー、ターメリック、ワサビなど

●鱗茎　ガーリックなど

●樹皮　シナモンなど

●花　クローブ（蕾）、サフラン（柱頭）、ラベンダーなど

また、植物分類学には、「界」「門」などの階級による分類があります。そのうち、「科名」がわかれば、そのハーブ・スパイスの特徴をある程度推測することが可能です（p.73参照）。また、植物の世界共通の名称である「学名」も重要です。ハーブ・スパイスは食べたり、飲んだりすることが多いので、安全性と確かな品質のものを選択する必要があります。「学名」を知ることで、それが確かな植物なのか、確認することができます。

＊学名は検定試験の範囲外です。

# ハーブ・スパイスの歴史

## 世界における歴史

### 薬草として医学や祭祀に利用

　古代エジプトでは、紀元前3000年頃、ミイラ作りに腐敗を防ぐはたらきをもつクローブやシナモンなどが使われていました。また、紀元前1700年頃には、アロエをはじめとする約700種類ものハーブ・スパイスについての記録が残されています。

　古代ギリシャでは、紀元前400年頃に医学の祖・ヒポクラテスが、400種類ものハーブの処方をまとめています。古代ローマでは、ハーブ・スパイスによる療法はさらに進化しました。医師ディオスコリデスは、約600種の薬草について記した『薬物誌』を著し、16世紀まで薬のバイブル的な存在となりました。アラビアでは、ハーブやスパイスを扱ってヨーロッパとの交易を独占し、繁栄を築きました。

　紀元前1000年頃のインドでは、伝統医学アーユルヴェーダの書物に、数百種類ものハーブ・スパイスが記されています。漢代の中国の宮廷では、クローブが息を清める香薬として用いられていました。

### 金銀にならぶ財宝

　中世、スパイスは金銀と並ぶ財宝として取り引きされました。特にクローブやペッパーなどは貴重で、当時のヨーロッパの人々は産地である東洋へのあこがれを強く抱きました。マルコ・ポーロの『東方見聞録』は人々の好奇心をさらにかきたて、大航海時代へとつながっていきます。

　15世紀末、コロンブスは新大陸を発見し、カイエンペッパーやバニラなどのスパイスが世界に広まるきっかけを作りました。バスコ・ダ・ガマは、アフリカ南端にある喜望峰を回るインド航路を開拓し、これによりシナモンやペッパーを安価で手に入れることが可能になり、海洋王国ポルトガルに栄光の時代が訪れます。

　さらに、16世紀はじめに、マゼランはマゼラン海峡を発見し、太平洋横断に成功しました。フィリピンで戦死したものの、船団は香料諸島（モルッカ諸島）からクローブやシナモンなどを苦労の末に持ち帰り、スペインに莫大な利益をもたらしました。こうした新航路の発見によって、かつてスパイスなどの中継貿易で栄えたアラビアやヴェネツィアなどは衰退していくこととなります。

## スパイスをめぐる争い

　スパイスの入手が容易になるにつれ、ハーブ・スパイスは薬用以外の料理などにも使われるようになり、大衆に広まっていきました。しかし、クローブやナツメグ、ペッパーは依然貴重なままで、ヨーロッパ各国でスパイス争奪戦が激化し、東南アジアを舞台にした「スパイス戦争」に発展します。

　16世紀、ポルトガル、スペインは次々に植民地を獲得し、スパイスの産地や交易地を支配しました。その後、イギリスが勢力を拡大し、オランダもモルッカ諸島へ進出し、4カ国による植民地争奪戦が繰り広げられます。結局、一部を除いたモルッカ諸島の支配権を握ったオランダが、18世紀末まで繁栄をほしいままにしました。

　しかし、スパイス戦争と呼ばれるこの争いの勝者はフランスでした。クローブなどの苗木を植民地であるマダガスカル島に移植するという方法で、フランスは膨大な利益を手にしました。イギリスなども移植を始め、19世紀中頃には移植地での生産量が原産地を上回り、スパイス戦争は終わりを迎えました。

## 日本における歴史

### 渡来から文明開化まで

　『古事記』にはジンジャー、サンショウをさす「はじかみ」やガーリックが登場し、日本でも古くからハーブ・スパイスが利用されていたことがわかります。ペッパーなど東南アジア原産のスパイスが渡来したのは、奈良時代です。正倉院の御物（ぎょぶつ）の中にクローブやシナモンとともに収められており、貴重な薬として用いられました。

　以降も中国との貿易や日本人の東南アジア地域への渡航などにより、カイエンペッパー、ペッパーなどが次々に伝播（でんぱ）し、江戸時代後期には、カイエンペッパーを使った「七味唐辛子」が薬味として全国に普及しました。

　明治維新後、『西洋料理指南』などの料理書により、西洋料理のひとつとしてヨーロッパから日本に初めてカレーの作り方が紹介されました。

# ハーブ・スパイスのとり入れ方

## ハーブ・スパイスの作用

　ハーブ・スパイスの作用は、次の5つのはたらきに大きく分類することができます。
　それぞれ作用の現れ方も複雑で、使う人によっても違ってきますが、どんなはたらきをするのか、主な種類とその意味についても簡単に触れておきましょう。

- 老化を進める細胞の酸化をおさえるはたらき
- 心身の状態をバランスよく保とうと調節するはたらき
- 病原菌などから身を守ろうとするはたらき
- 炎症や痛みを和らげたり、筋肉の緊張をほぐしたりするはたらき
- ビタミン、ミネラル、食物繊維などの栄養素を供給するはたらき

　このほかにも、消化の機能を高める、気分を明るくし、抑うつを軽減するなど、さまざまなはたらきがあります。Part6では、それぞれのハーブ・スパイスにどのような作用があるのか記載していますので、確認してみましょう。

## はたらきは広く複雑に現れる

　ハーブ・スパイスは、1種類の中に非常に多くの有用な成分を含んでいます。それぞれの成分は機能性をもち、私たちの体にはたらきかけて力を発揮します。これは、明確なはたらきをもつ単一の成分だけを利用し、ピンポイントで患部にはたらきかける医薬品と大きく違うところです。
　ハーブ・スパイスには、含まれる多様な成分が相乗効果を発揮するという特徴があります。異なる成分でも、同じ作用をもつものが含まれていて、はたらきが増します。また、ひとつの成分の作用をほかの成分が補うこともあり、そのはたらきも期待されます。
　さらに、ひとつのハーブ・スパイスが多方向にはたらくという特徴もあります。
　心身の両方に同時にはたらきかけるのも、医薬品にはない特徴です。たとえば、胃腸の調子をととのえながら、芳香によってリラックスしてストレスを軽減する、という心と体へのはたらきを得ることも、ハーブ・スパイスなら可能なのです。

## 目的や性質に合った方法で

　ハーブ・スパイスに含まれる多様な成分を効率よく利用するには、性質に合ったとり入れ方をすることが大切です。食べたり飲んだりして体内に入れるのか、アロマセラピーのように皮膚などから精油成分を吸収させるのか、などを考えます。

有用な成分は性質によって、以下の2つに分けられます。

① ビタミンやミネラルなど、水に溶けやすい水溶性(すいよう)のもの
② カロテノイドや精油など、油に溶けやすい脂溶性(しよう)のもの

たとえば、ティーにした場合、お湯や水を使用するため、脂溶性成分のもつ作用は期待できないこともあります。成分を見きわめて、上手に活用するようにしましょう。

ハーブ・スパイスには、以下に紹介する主なとり入れ方以外にもいろいろな活用法があり、自分が楽しめるものを見つけることが大切です。

ハーバルバスなどの入浴法やフェイシャルスチーム、芳香浴のほか、サシェやポマンダーなどハーブ・スパイスを使ったクラフトもあります。また、このテキストでは紹介していませんが、ハーブ・スパイスの成分をアルコールで抽出したチンキ、植物油を使ってハーブ・スパイスの脂溶性成分を抽出した浸出油などの方法もあります。

目的や自分の好みに合わせて、さまざまな方法で生活にハーブ・スパイスをとり入れてみましょう。

## ハーブ・スパイスの主なとりいれ方

● **料理**……もっとも身近で、幅広く活用できる方法です。香りや味、色づけに加えて、くさみ消し、酸化防止、防腐作用などの相乗効果も期待できます。
● **ティー**……水溶性の成分をとり出して利用するには、非常にポピュラーで、手軽な方法です。体内に吸収されやすいという特徴があります。
● **ハーバルバス**……ハーブを直接湯に入れたり、ティーを作って湯に加えたりして、水溶性の成分を利用する方法です。
● **アロマセラピー**……ハーブ・スパイスから抽出した香り成分などを高濃度に含む精油（エッセンシャルオイル）を利用し、心身の不調を和らげたり、健康の維持に役立てたりします。作用が強いものや皮膚への刺激があるものもあるので、気をつけましょう。アロマセラピーで使用する精油の飲用や、皮膚に直接使用することはおすすめしません。

# ハーブ・スパイスを
# 安全に使用するために

## 購入時に注意すること

　ハーブ・スパイスは作用が穏やかで安全性が高いとはいっても、まったくトラブルがないとは限りません。選び方や扱い方のポイントをしっかり確認しましょう。

### ◱食品を選ぶ
　食品に分類されているものを選びます。雑貨として扱われているものは、安全性の確認ができないので避けましょう。

### ◱学名を確認し、色と香りをチェック
　名前が似ているのに、まったく違う種類の植物だった、ということもあります。間違って購入しないためにも、必要なハーブの学名を確認しておきます。できれば、色と香りを実際にチェックして購入したほうがよいでしょう。

### ◱信頼できる店で少量ずつ買う
　一度にまとめて購入せず、短期間で使いきれる量をこまめに買うことも大切です。何より、信頼できる店で購入することはいうまでもありません。

　以上は、ドライのハーブ・スパイスを買う際の注意点です。フレッシュなハーブ・スパイスを購入する際は、次の点に気をつけましょう。

### ◱新鮮なものを選ぶ
　新鮮で、葉の色が濃くみずみずしいものを選び、色が薄かったり虫食いがあったり、しおれたりしているものは避けてください。自分で育てたものを使う際は、できるだけ若い葉や花を収穫します。

### ◱使う分だけにする
　フレッシュなハーブ・スパイスは傷みやすいため、使う分だけ購入しましょう。自分で育てたものも同様に、使う分量だけ摘むようにします。

## 使用時に注意すること

ハーブ・スパイスは、以下に紹介する基本的な用法を守って使用しましょう。

●決められた使用部位だけを使う

有用な成分を十分に発揮させるには、植物の決められた部位を使うことが大切です。異なる部位を使用することで、期待されたはたらきが得られないことだけでなく、体にマイナスの影響が出る可能性もあります。

●子ども、お年寄りは様子をみながら使う

子どもやお年寄り、妊娠中の女性など、体調や体質によっては、注意が必要な場合もあります。少量から使うなどして、様子をみながらにしましょう。

●保存期間を守る

ハーブ・スパイスも、それらから作ったものも、保存期間を守りましょう。ティーも時間が経つと酸化して成分が変化してしまいます。その日のうちに飲みきり、作りおきは避けてください。

●器具は入念に消毒する

成分の抽出や保存などに使う容器や器具は、よく消毒するなど衛生管理に気をつけます。加熱せず使用する場合は、雑菌の繁殖に注意してください。

## 保存時に注意すること

ハーブ・スパイスやそれらから作ったものは、空気や紫外線、高温多湿を避けて保存します。酸化したり色素成分が変化したりして劣化します。また、湿気はカビの繁殖にもつながるため、「密封」「遮光」「冷暗」を基本条件として保存しましょう。

フレッシュなものを保存する際に気をつけたいポイントは、次の点です。

### ●乾燥させない

水を入れたグラスなどに入れるか、湿らせたペーパータオルなどに包んで保存用の袋に入れ、冷蔵庫の野菜室で保存します。日もちしないため、原則的に使う分量だけを摘み、もし余った場合は早めに使いきるようにしましょう。

また、ドライのものを保存する場合は、以下の点に注意します。

### ●使うときに細かくする

カットしたり、くだいたりして細かくすると、空気に触れる面積が増え、酸化しやすくなります。ホールの状態で購入・保存し、使う際に必要な分だけ細かくするようにしましょう。

### ●遮光ビンに入れ、冷暗所に

密封できるフタのついたガラス製の遮光ビン（褐色など）に入れ、日の当たらない涼しい場所に保存します。遮光ビンがないときは、透明のガラス製のビンに入れて冷暗所に保存しましょう。

### ●ラベルを貼って管理

保存容器には、ハーブの名前、購入した年月日を書いたラベルシールを貼っておきます。

# Part 2

## ハーブ・スパイスを料理で楽しむ

ハーブ・スパイスは手軽に料理にとり入れることができます。
いつもの料理にプラスして、
豊かな香りと風味を楽しみましょう。

＊Part2のレシピで使用しているハーブは、「ドライ」という指示がなければ
フレッシュなものです。スパイスはドライを使用しています。

# 食とハーブ・スパイス

## 食材との相性

　ハーブ・スパイスには香りや風味をつけるはたらきがあり、肉や魚など食材のくさみをおさえたり、食欲をそそるおいしそうな香りをつけたりしてくれます。また、香りだけでなく、カイエンペッパーのように辛みをつけたり、サフランのように色をつけたりするものもあります。

　ハーブ・スパイスには、それぞれ相性のよい食材があります。たとえば、オレガノやペッパーなどは牛肉、スターアニスやナツメグなどは豚肉、タイムやフェンネルなどは赤身魚、タラゴン、ディル、フェンネルなどは白身魚が相性のよい食材です。ディルはサーモンによく合います。

## 使うタイミングを変える

　料理やハーブ・スパイスの種類に合わせて使うタイミングを変えることも大切です。①食材のくさみをおさえる・香りをつける場合は、調理の前に食材にまぶしたり漬け込んだりして使います。②香りや辛みを引き出す場合は、炒めて油に香りを移すなど食材を加熱するときに加えます。さまざまな方法で料理にハーブ・スパイスをとり入れてみましょう。

## ハーブ・スパイスの利用術

　ハーブ・スパイスを油や酢などに漬けるだけで、おいしい調味料を作ることができます。まろやかな香りで幅広い料理に使えるので、作ってみましょう。

### ハーブ・スパイス オイル

炒め物やサラダに使います。バジルやクミン、フェンネルを使ってもよいでしょう。

#### 作り方

ローズマリー1枝、タイム2枝はさっと洗って水けをふき取り、ガーリック2片、カイエンペッパー1本とともに清潔なビンに入れる。オリーブオイル100mlを注いで冷暗所に置く。2カ月ほど保存可能。

### ハーブ・スパイス ビネガー

ドレッシングやマリネに使います。マジョラム、フェンネル、ナツメグもおすすめです。

#### 作り方

タラゴン2本、オレガノ1本はさっと洗って水けをふき取り、清潔なビンに入れる。リンゴ酢（または米酢）100mlを注いで冷暗所に置く。2カ月ほど保存可能。

### ハーブ・スパイス ソルト

さまざまな料理に使える万能調味料です。レモングラス、パセリもおすすめです。

#### 作り方

粗塩大さじ3を電子レンジに40〜50秒ほどかけて水分をとばす。スイートバジル（ドライ）小さじ1、ローズマリー（ドライ）・オレガノ（ドライ）・タイム（ドライ）・ブラックペッパー各小さじ1/2を塩と混ぜてなじませ、密閉容器で保存する。

### ハーブ・スパイス チーズ

クラッカーなどに添えましょう。チャイブ、チャービル、フェンネルもおすすめです。1週間ほど保存可能。

#### 作り方

クリームチーズ50gは電子レンジで10〜20秒ほど加熱し、やわらかくする。タイム2枝、マジョラム2〜3本は葉を摘み、すりおろしたガーリック1/6片分、塩小さじ1/4、ブラックペッパー少々とともにチーズに混ぜる。器に入れ、冷蔵庫で保存する。

### ハーブ・スパイス バター

パンや炒め物などに使います。タイム、チャービル、ディル、タラゴンもおすすめです。

#### 作り方

バター（有塩）50gは室温にしばらく置き、やわらかくする。チャイブ5本は小口切りにし、塩、ブラックペッパー各少々とともにバターと混ぜる。器に入れ、冷蔵庫で保存する。2週間ほど保存可能。

# ハーブオムレツ&パンケーキ

淡泊な卵料理にチャービルとイタリアンパセリの香りをプラスして

材料 [ 2人分 ]

**オムレツ**
卵 … 4個
A | 牛乳 … 大さじ3
　| 塩・ブラックペッパー（粗びき）… 各少々
チャービル・イタリアンパセリ … 各2本
バター … 大さじ1

**パンケーキ**
小麦粉 … 150g
ベーキングパウダー … 小さじ1
卵 …… 1個
A | 牛乳 … 150mℓ
　| 砂糖 … 大さじ2
　| 塩 … 少々
サラダ油 … 適量
シナモン … 少々
粉砂糖 … 小さじ1/2

**ミントはちみつ**
ミント … 1本
はちみつ … 大さじ1〜2

作り方

**オムレツ**

1　卵は溶きほぐし、Aを加える。チャービル、イタリアンパセリの葉を摘んで卵液に混ぜる。

2　フライパンに半量のバターを温め、1の半量を流し入れる。菜箸で混ぜ、半熟状になったらフライパンの端に寄せてひっくり返し、器に盛る。残りの半量も同様に焼く。

**パンケーキ**

1　卵を溶きほぐし、Aを加えて混ぜる。

2　小麦粉とベーキングパウダーを混ぜてふるう。1に加え、なめらかになるまで混ぜる。

3　フライパンに油を薄くのばし、2の1/6の量を直径10cmほどの円形に広げ、両面焼く。同様にあと5枚焼く。

4　パンケーキを器に盛り、シナモンと粉砂糖を混ぜてふりかける。ミントはちみつを添える。

**ミントはちみつ**

1　清潔なビンに水けをふいたミントを入れ、はちみつを注ぐ。冷暗所に数日置き、はちみつに香りが移ったらミントを取り出す。

# ルッコラとエビのマスタードサラダ

ハーブを加えてゆでることで、エビのくさみ消しと香りづけに

材料 [ 2人分 ]

エビ … 4尾
A | フェンネル（茎）… 適量
　| ローレル（ドライ）… 1枚
　| 白ワイン … 大さじ1
　| 塩・ブラックペッパー（粗びき）… 各少々
サニーレタス … 1〜2枚
ミニトマト … 4個
ブラックオリーブ（種抜き）… 4個
B | ルッコラ … 1袋
　| フェンネル … 1本
　| チャイブ … 5〜6本
　| イタリアンパセリ … 4本

C | マスタード（ホール）… 小さじ1/2
　| ガーリック（すりおろし）… 少々
　| レモン汁 … 大さじ1
C | 塩 … 小さじ1/6
　| ブラックペッパー（粗びき）… 少々
　| オリーブオイル … 大さじ2

作り方

1　エビは背ワタを取る。鍋に湯、Aを入れて火にかけ、沸騰したらエビを入れる。1〜2分ゆでて火を止める。ゆで汁につけたまま冷まし、殻をむく。

2　レタスはひと口大にちぎる。ミニトマト、ブラックオリーブは半分に切る。Bはそれぞれ5cmほどの長さに切る。

3　マスタードはすり鉢などですり、他のCの材料とよく混ぜ合わせてドレッシングを作る。1、2を器に盛り、ドレッシングを添える。

## 新じゃがのローズマリー焼き

相性抜群のローズマリーとガーリックを使って食欲をそそる香りに

材料 [ 2人分 ]

- 新じゃが … 300g
- ガーリック … 4片
- ローズマリー … 2枝
- オリーブオイル … 大さじ4
- 塩 … 小さじ1/2
- ブラックペッパー(粗びき) … 少々

作り方

1. 新じゃがは皮つきのままよく洗い、水けをふく。ガーリックは皮つきのまま、1片ずつに分ける。

2. 小鍋にすべての材料を入れ、強めの弱火で20〜30分、時々混ぜながらじっくりとオイル煮にする。
   ＊新じゃががない場合は、じゃがいもでもおいしく作れます。

---

**ザワークラウト**

材料 [ 2人分 ]

- キャベツ … 1/6個
- 塩 … 小さじ1/2

A
- キャラウェイシード … 小さじ1/3
- ローレル(ドライ) … 1枚
- ブラックペッパー(粗びき) … 少々
- カイエンペッパー … 1/2本
- 酢 … 大さじ1と1/2
- 砂糖 … 大さじ1
- 白ワイン … 大さじ1
- 塩 … 少々

作り方

1. キャベツは細切りにし、塩をふってもむ。5分ほどおき、しんなりしたら水けをしぼる。

2. 耐熱容器に 1 と A を入れて混ぜ、軽くラップをして電子レンジで2〜3分加熱する。

# ハーブソーセージ&ザワークラウト

肉のくさみ消しと風味づけに。セージにはソーセージの語源になったという説もあります

## ハーブソーセージ

材料［2人分］

豚ひき肉 … 300g
塩 … 小さじ2/3
砂糖 … 大さじ1
氷 … 50g
A｜シナモン・クローブ・ナツメグ（パウダー）
　｜… 合わせて小さじ1/4
B｜ガーリック（すりおろし）… 1片分
　｜ジンジャー（すりおろし）… 1/2かけ分
　｜チャイブ（小口切り）… 10本分
　｜パセリ、セージ、タイム、マジョラム
　｜（みじん切り）… 合わせて大さじ2
粒マスタード、マスタード … お好みで

＊ザワークラウトの材料・作り方は、
　p.24を参照してください。

## ハーブソーセージ

作り方

1　ボウルにひき肉、塩、砂糖、粗めに砕いた氷、Aを入れてよく混ぜる。粘りが出てきたら、Bを加えて混ぜる。混ぜるときは、できるだけ10℃以下をキープする。8等分し、直径2cmほどの棒状にする。

2　ラップを30cm×20cmに切って広げ、1のタネを置く。水が入らないようにしっかり包み、両端はしばるか輪ゴムなどでとめる。

3　鍋に湯を沸かして80℃にし、2を入れる。70℃を保ちながら30分ほどゆでる。

4　ゆであがったら氷水にとって冷やし、ラップをはずす。フライパンで焼き、器に盛って粒マスタードなどを添える。ゆであがったものをそのまま食べてもよい。

「ブーケガルニ」はハーブを束にしたもので、スープやシチューなどの煮込み料理によく使われます。肉や魚のくさみをおさえ、食材の旨みをひき出してくれます。魚にはフェンネルやディルを使ってもよいでしょう。

# ポトフ

煮込み料理に欠かせないブーケガルニで旨みをひき出して

### 材料［2人分］

- 豚肩ロース肉(かたまり) … 300g
- 塩 … 小さじ1/4
- ブラックペッパー(粗びき) … 少々
- じゃがいも … 2個(300g)
- にんじん … 1本(150g)
- 玉ねぎ … 1個(200g)
- キャベツ … 1/6個
- A
  - ローレル(ドライ) … 1枚
  - セロリ … 1/3本
  - タイム … 1〜2枝
  - パセリ … 1〜2本
  - セージ … 1本
- 水 … 5カップ
- スープの素(固形) … 1個
- 粒マスタード … 適宜

### 作り方

1. 豚肉は4等分し、塩・ブラックペッパーをふって5分ほどおく。

2. じゃがいもは皮をむいて半分に切り、水にさっと通す。にんじん、玉ねぎは4等分する。キャベツは半分に切り、芯の部分は少し残して取り除く。Aをタコ糸でしばり、ブーケガルニを作る。

3. 分量の水を沸騰させ、1を入れる。沸騰したらしっかりアクをとる。ブーケガルニ、スープの素を入れ、弱火で1時間煮る。にんじん、玉ねぎを入れて15分、じゃがいも、キャベツを加え、さらに15分煮る。好みで粒マスタードを添える。

# トムヤムクン

タイ料理に欠かせないレモングラスやコリアンダーなどでさわやかな香りをプラス

> 「バイマックルー」はコブミカンの葉で、柑橘類のさわやかな香りがします。「ライムリーフ」とも呼ばれます。「プリッキーヌ」はタイの唐辛子で、2～3cmほどの大きさですが、独特の風味と強い辛みをもっています。

### 材料［2人分］

- エビ(あれば有頭) … 4尾
- フクロダケ(またはマッシュルーム) … 8個
- コリアンダー(葉と茎) … 1株分
- A
  - 水 … 2カップ
  - スープの素(顆粒) … 小さじ1
  - 砂糖 … 少々
  - バイマックルー … 2～3枚
  - レモングラス(あれば葉と茎) … 20cm
  - プリッキーヌ … 2～3本
  - ジンジャー(薄切り) … 15g
  - コリアンダーの根 … 1株分
- ナンプラー … 小さじ2
- ライムのしぼり汁(またはレモン汁) … 大さじ1と1/2
- 塩 … 少々

### 作り方

1. エビは背ワタと足を取る。フクロダケは縦半分に切る。コリアンダーは葉と茎を2cmに切り、根はとっておく。

2. 鍋にAを入れ、3～4分弱火で煮出す。エビ、フクロダケ、ナンプラーを入れ、中火で2～3分煮る。ライムのしぼり汁、塩で味をととのえ、コリアンダーの葉と茎を加えて火を止める。

# サブジカレー&クミンライス

カレーの色はターメリックがもと。カルダモンやクミンで香りと風味を出します

材料［2人分］

なす … 1本
ズッキーニ … 1/2本
かぼちゃ … 150g
オクラ … 5本
玉ねぎ … 1/2個(100g)
バター … 大さじ2
A｜ジンジャー(すりおろし) … 1かけ分
　｜ガーリック(すりおろし) … 1片分
　｜カルダモン(ホール) … 2〜3粒
B｜ターメリック(パウダー) … 小さじ2
　｜カイエンペッパー(パウダー)
　｜　… 小さじ1/3
　｜クミン(パウダー) … 小さじ1/3
　｜コリアンダー(パウダー) … 小さじ1/3
　｜クローブ(パウダー) … 小さじ1/8
　｜シナモン(パウダー) … 小さじ1/8
　｜フェネグリーク(パウダー) … 小さじ1/8
　｜ナツメグ(パウダー) … 小さじ1/8
　｜ブラックペッパー(粗びき) … 小さじ1/8
C｜トマト水煮缶(ホール) … 1/2缶(200g)
　｜水 … 1と1/2カップ
　｜スープの素(固形) … 1と1/2個
　｜塩 … 小さじ1/4
米 … 米用カップ2
水 … 360㎖
D｜クミンシード(ホール) … 小さじ2
　｜塩 … 小さじ1
　｜サラダ油 … 大さじ1

作り方

*1* なす、ズッキーニは1cm厚さの輪切りにする。かぼちゃは種を取って2cm角の角切りにし、オクラは軸を削って斜め半分に切る。玉ねぎはみじん切りにする。

*2* 鍋にバター、Aを入れて弱火で炒める。香りが出てきたら、玉ねぎを加えて中火で炒める。玉ねぎに色がついたらBを加えてなじませる。

*3* 野菜を加えてひと混ぜし、Cを加える。途中アクを1〜2度取り、弱火で15〜20分煮る。

*4* 米はといで分量の水に30分以上つける。Dを加えてクミンライスを炊く。

# ジェノベーゼパスタ

バジルの甘くさわやかな風味を味わいます。ソースは肉や魚のソテーにかけても

材料 [ 2人分 ]

バジル … 40g
松の実 … 15g
ガーリック … 1/2片
オリーブオイル … 大さじ4
A｜塩 … 小さじ1/3
　｜ブラックペッパー（粗びき）… 少々
　｜粉チーズ … 20g
じゃがいも … 1個(150g)
湯 … 2ℓ
塩 … 小さじ2
スパゲティ … 200g
バジル（葉）… 適量

＊ソースの量は作りやすい分量(3〜4人分)です。半量を目安に、お好みで使ってください。残った分は冷凍保存できます。

作り方

1. バジルはさっと洗って水けをふき、葉を摘む。松の実はフライパンに入れ、弱火で少し焦げ目がつくまで乾煎りする。

2. 松の実とガーリックをフードプロセッサーに入れて、ペースト状にする。すり鉢を使う場合は、なめらかになるまでする。バジルとオイルを加え、さらに撹拌する。

3. なめらかになったらAを加えて撹拌する。

4. じゃがいもは皮をむき、1cm角に切る。水に通して水けをきる。

5. 鍋に湯を沸かし、塩を加える。表示時間を目安にスパゲティをゆでる。ゆであがる5〜6分前にじゃがいもを加え、いっしょにゆで上げる。

6. ボウルに半量ほどのソース、スパゲティ、じゃがいも、スパゲティのゆで汁50mlを入れ、よく混ぜる。

7. 器に盛りつけ、バジルを飾る。

## サケのソテー＆ハーブタルタルソース

卵と相性のよいタラゴンをタルタルソースに加えて。フェンネルは魚のくさみ消しに

材料［2人分］

生サケ … 2切れ
A │ 塩 … 小さじ1/4
　│ ブラックペッパー（粗びき）… 少々
　│ 白ワイン … 大さじ1
　│ フェンネル … 少々
じゃがいも … 1個（150g）
タラゴン … 1〜2本
B │ ゆで卵（みじん切り）… 1個分
　│ きゅうりピクルス（みじん切り）
　│ 　… 小1本分
　│ 玉ねぎ（みじん切り）… 1/8個分
　│ マヨネーズ … 大さじ2
小麦粉 … 小さじ2
オリーブオイル … 大さじ1
フェンネル … 少々

作り方

1　Aを合わせ、サケを20分ほど漬けてマリネする。

2　じゃがいもはラップで包んで電子レンジで1〜2分加熱し、皮をむいて1cm厚さに切る。

3　タラゴンの葉を摘んで1cmくらいにちぎる。Bと混ぜる。

4　サケの水けをペーパータオルでふき、小麦粉を薄くつける。

5　フライパンに半量のオイルを温め、じゃがいもを焼く。塩、ブラックペッパー少々をふり、フェンネルを散らす。

6　残りのオイルを入れ、サケを両面こんがりと焼く。器に盛り、3を添える。

# 鶏肉のハーブ焼き

ローズマリー、セージがくさみを消し、おいしさを引き立てます。ハーブソルトを使っても

材料［2人分］

鶏もも肉 … 1枚(300g)
A｜塩 … 小さじ1/3
　｜ブラックペッパー(粗びき) … 少々
　｜マジョラム(またはオレガノ) … 1本
　｜セージ … 1本
　｜タイム … 1枝
　｜ローズマリー … 1/2枝
　｜オリーブオイル … 大さじ2
エリンギ … 1本
ベビーリーフ … 適量

作り方

1　鶏肉は余分な脂を取り、厚い部分に切り込みを入れる。ハーブの大きい葉は5mm角ほどを目安にちぎる。Aを合わせて鶏肉にまぶし、20分以上おく。

2　エリンギは長さを半分に切り、縦に1cm厚さに切る。

3　フライパンを温め、皮を下にして鶏肉を入れ、フライ返しなどで押さえながら中火で焼く。エリンギを加え、いっしょに焼く。

4　鶏肉の皮にこんがりと焼き色がついたら裏返す。弱めの中火にし、さらに4～5分焼く。

5　火を止め、5分ほどそのままにする。鶏肉をそぎ切りにし、エリンギ、ベビーリーフとともに器に盛りつける。


# 洋風＆中華風ピクルス

香りや風味だけでなく、抗菌作用のあるハーブ・スパイスは保存食にも最適

材料［2人分］

**洋風**

きゅうり・にんじん・セロリ・パプリカ・
　玉ねぎ・かぶなど … 合わせて約500g
A｜酢 … 1カップ
　｜白ワイン … 1/2カップ
　｜砂糖 … 大さじ3
　｜塩 … 小さじ1
B｜ローレル(ドライ) … 1枚
　｜カイエンペッパー … 1～2本
　｜クローブ(ホール) … 3～4粒
　｜ブラックペッパー(ホール)
　｜　　… 小さじ1/2
　｜マスタード(ホール) … 小さじ1/2
　｜ガーリック … 1片

**中華風**

大根・にんじん・きゅうり・セロリ・
　なすなど … 合わせて約500g
A｜酢 … 1カップ
　｜酒 … 1/4カップ
　｜しょうゆ … 大さじ1と1/2
　｜砂糖 … 大さじ3
　｜塩 … 小さじ1/4

B｜ジンジャー(薄切り) … 1かけ分
　｜スターアニス … 1個
　｜カイエンペッパー … 1～2本
　｜コリアンダー(ホール) … 小さじ1/2
　｜花椒(ホール) … 小さじ1/2

作り方（共通）

1　野菜はひと口大の乱切りにし、塩小さじ1（分量外）をふる。10分ほどおいて、水けを軽くしぼる。

2　鍋にAとBを入れ、砂糖が溶けるくらいに温め、冷ます。

3　清潔な容器に *1* を入れ、*2* を注いで密閉する。冷蔵庫で保存する。翌日から食べられる。

# サーモンマリネ　ディル風味

ディルとケイパーはサーモンと相性がよく、味を引き立ててくれます

材料［2人分］

サーモン（刺身用）… 80g
きゅうり … 1/4本
ミニトマト … 2個
ディル … 少々
A｜塩 … 小さじ1/6
　｜ブラックペッパー（粗びき）… 少々
　｜レモン汁 … 大さじ1/2
　｜オリーブオイル … 大さじ1
玉ねぎ（みじん切り）… 大さじ1
ケイパー（酢漬け）… 8粒

作り方

1　サーモン、きゅうり、ミニトマトは7〜8mmの角切りにする。ディルは葉を摘む。

2　ボウルにAを入れてよく混ぜ、1、玉ねぎ、ケイパーを加えて混ぜる。

# アシタバのゴマ和え

栄養豊富なアシタバは、さわやかな苦みがゴマの香ばしさと合います

材料［2人分］

アシタバ … 1束
A｜白すりゴマ … 大さじ2
　｜砂糖 … 大さじ1/2
　｜みりん … 大さじ1
　｜しょうゆ … 大さじ1

作り方

1　アシタバはゆでて水にとり、水けをしっかりしぼる。4cm長さに切り、器に盛る。

2　Aを混ぜ合わせ、1にかける。

# ハイビスカスとラベンダーのゼリー

ハイビスカスで鮮やかな赤い色をつけます。ラベンダーのやさしい香りでリラックス

材料［80〜100mlの容器4個分］

りんご … 1/8個
A｜グラニュー糖 … 大さじ1/2
　｜水 … 大さじ1
B｜ハイビスカス（ドライ）… 3〜4g
　｜ラベンダー（ドライ）… 小さじ1
　｜レモンバームまたは
　｜　レモングラス（葉）… 4〜5葉
熱湯 … 330ml
ゼラチン（顆粒）… 5g
グラニュー糖 … 大さじ2
レモンバーム（飾り用）… 少々

作り方

1　りんごは皮をむき、5mm角ほどの大きさに切る。小鍋にりんごとAを入れ、汁けがほとんどなくなるまで煮る。

2　Bをティーポットに入れる。熱湯を注いで3〜5分おき、耐熱性のボウルにこして移す。

3　2が熱いうちにゼラチンを振り入れ、よく溶かす。グラニュー糖を加えて混ぜ、溶かす。

4　3に1を加え、冷水につけて時々混ぜながら冷ます。

5　少しとろみがついてきたら、器に注ぎ分け、冷蔵庫で固まるまで冷やす。飾りにレモンバームを添える。

### 春の七草とは?

「セリ、ナズナ、ゴギョウ、ハコベ、ホトケノザ、スズナ、スズシロ」の春の七草は、日本の代表的なハーブといえます。まだ寒い早春に芽吹くため、邪気を払うと考えられてきました。毎年正月7日には、その年の無病息災を祈り、七草粥にして食べる習慣があります。これは、江戸時代に広まったといわれていますが、呪術的な意味だけでなく、正月のごちそうで疲れた胃を休め、野菜の少ない冬に不足しがちな栄養素を補うという役割もあるのです。

七草には、秋の七草と呼ばれるものもあります。「オミナエシ、ススキ、キキョウ、ナデシコ、フジバカマ、クズ、ハギ」の7種類ですが、こちらは春の七草のように食べるものではありません。古来から、秋の野原に花が咲く様子を眺め、短歌などに詠んで楽しんできました。

# 七草粥

胃の機能を高める作用のあるセリなどを使った、日本の伝統食

### 材料［3～4人分］

七草（セリ、ナズナ、ゴギョウ、ハコベ、
　ホトケノザ、スズナ、スズシロ）… 各 適量
米 … 米用カップ1
水 … 米用カップ7
クコの実 … 小さじ1
塩 … 少々

### 作り方

1　米はといで土鍋に入れ、分量の水につけて30分以上おく。クコの実はひたひたの水につける。

2　七草はさっとゆでて水にとり、水けをしぼって粗みじん切りにする。

3　土鍋に蓋をして中火にかける。10分ほどして沸騰してきたら、木べらで鍋底の米をそっとはがすように混ぜる。再び蓋をし、弱火で30～40分炊く。火を止め、10分ほどおく。

4　2、塩を加えて混ぜる。器によそい、クコの実を散らす。

# Part 3

## ハーブ・スパイスを
## ティーで楽しむ

ティーは、ハーブ・スパイスををを手軽に楽しむことができます。
体調や気分に合わせて、
さまざまなハーブ・スパイスを使ってみましょう。

# ティーの基本

## 心身にはたらきかける

　ハーブ・スパイスに含まれる水溶性の成分をとり出して楽しむ方法が、ティーです。熱いお湯を使うものと水を使うもの（水出し）があります。

　ティーはハーブ・スパイスの有用な成分が体に吸収されやすく、ビタミンやミネラルなどの栄養素も摂取できるという特徴があります。

　また、ティーの香りと味にはアロマセラピーと同じはたらきがあり、体だけでなく心も癒やしてくれます。

## シングルでもブレンドでも

　ティーを楽しむ場合は、使用するハーブ・スパイスについてきちんと知ることが大切です。

　その日の体調や気分によって使いたいハーブ・スパイスが決まったら、作用と使用上の注意点を必ずチェックしてください。まずは1種類だけ使って、それぞれの香りや味を確認しましょう。複数の種類をブレンドすれば、香りと味が豊かになります。香りや味の相性、バランスなどを考えてブレンドしてみましょう。飲みにくい場合は、はちみつやコーディアル（p.50）を使うのもおすすめです。

　ハーブ・スパイスのなかには、妊娠中や授乳中、アレルギーのある人は使用に制限のあるものもあります。特に、治療中の病気がある人や妊娠中の人、子どもは医師に相談してから使用するようにしましょう。子どもや高齢者は、使用するハーブ・スパイスの量を少なくするか、薄めて飲んでもよいでしょう。

## 注意すべきポイント

　さらに、注意したいのは飲み方です。ティーはハーブ・スパイスの有用な成分のうち、水溶性のものを抽出するため、体内で吸収されたあと約6時間後には排出されてしまいます。そのため、一度にたくさん飲むのではなく、一日3〜4回に分けて一杯ずつ飲むほうが成分をとり入れやすくなります。

　この章のp.40以降では、基本のいれ方を紹介していますが、水を使う場合は雑菌が入らないよう、注意しましょう。加熱せず、時間をかけて抽出するため、使用する容器などは、事前に熱湯消毒しておきます。

## 基本の道具

　ティーをいれる際には、ティーポットを使う方法と鍋を使用する方法がありますが、このテキストではティーポットを使用します。お湯を使う場合も、水を使う場合も、以下の道具を用意してください。

●ティーポット
　陶器もしくは耐熱ガラス製のものを使います。

●ティーカップ
　ティーポットと同様に、陶器もしくは耐熱ガラス製のものを使います。

●計量カップ
　使用するお湯や水の分量を計量します。ティーカップ1杯分は、約180mlです。

●ティースプーン
　使用するハーブ・スパイスの分量を計量します。ティーカップ1杯分は、ドライハーブならティースプーン山盛り1〜3杯、フレッシュハーブは、ドライの2〜3倍が基準の分量です。

●茶こし
　ハーブ・スパイスをこすために使用します。網目の細かいものがおすすめです。

●砂時計またはタイマー
　抽出する時間を計ります。

# 基本のいれ方

## お湯でいれる方法

　ティーポットにハーブ・スパイスを入れ、熱いお湯を注いで成分を抽出します。効率よく抽出するため、ハーブ・スパイスは細かくしたりつぶしたりして、お湯に触れる面積を大きくします。

　アイスティーにする場合は、お湯を半量にするか、ハーブ・スパイスの量を2倍にして、濃さを2倍にしたティーをいれます。それを氷を入れた耐熱グラスに注ぎます。氷はグラスいっぱいまで入れてください。

**1** ティーポットとティーカップはあらかじめ温めておく。ティーポットに細かくしたハーブ・スパイスを入れる。

**2** 熱いお湯を静かに注ぐ。

**3** 蓋をして、花や葉は3分間、種子や果実、根は5分間蒸らして抽出する。

**4** ティーポットを水平に軽く回して濃さを一定にしたあと、茶こしを使ってティーカップに注ぐ。残さずに一度で注ぎきる。

### フレッシュハーブとドライハーブ

　フレッシュハーブでティーをいれると、みずみずしい香りや色を楽しむことができます。自分で育てたものを使う場合は、できるだけ若い葉や花を選んで、使う直前に摘みましょう。洗って水けをきったあと、ハサミで切ったり手でちぎったりして使います。

　ドライハーブは、一年中使えるため、手軽にティーを楽しむことができます。かたいものは細かくくだいたり、スプーンの背でつぶしたりして使用しましょう。

## 水でいれる方法

水にハーブ・スパイスを長時間つけて抽出する、「水出し」という方法です。時間がかかりますが、お湯を使用しないため、高温で抽出される、カフェインやタンニンなどの成分が抽出されにくいという特徴があります。

雑菌が入らないよう、注意していれましょう。

### ① 
容器はあらかじめ熱湯消毒しておく。

### ② 
容器に細かくしたハーブ・スパイスを入れ、常温の水を注ぐ。

### ③ 
蓋をして、冷蔵庫で6〜8時間抽出する。

### ④ 
茶こしを使ってグラスやティーカップに注ぐ。

---

### ティーに使う分量の目安は？

使用するハーブ・スパイスの分量は、ティースプーンを使って計量します。ティーカップ1杯分（180mℓ）につき、ドライの場合は、ティースプーン山盛り1〜3杯が目安です。フレッシュなものなら、ドライの2〜3倍の分量が目安です。p.44〜45で紹介するレシピも、ティースプーンで計量しています。ブレンドする際も、ティースプーンを使って計量して使ってください。

# ティーにおすすめのハーブ

ティーにおすすめのハーブ5種類を紹介します。
どれもティーとして定番のものばかりです。
それぞれの成分や作用を確認し、気分や体調に合わせて使ってみましょう。
＊ここで紹介するハーブは、検定試験の範囲外です。

## エキナセア

**ムラサキバレンギク**

*Echinacea angustifolia*
*Echinacea purpurea*
*Echinacea pallida*

キク科の植物で、根部と地上部を使用します。免疫や抵抗力を高める作用があるため、風邪やインフルエンザなどの感染症におすすめです。くせがなく、飲みやすい味わいです。

## ジャーマンカモミール

**カミツレ**

*Matricaria chamomilla*
*(Matricaria recutita)*

キク科の植物で、花部を使用します。世界中でもっとも親しまれているハーブのひとつです。心身をリラックスさせ、気分を落ち着かせてくれるので、ストレスや不眠におすすめです。口当たりがよく、やさしい味わいで、ミルクティーにしてもよいでしょう。

## ダンディライオン
**セイヨウタンポポ**
*Taraxacum officinale*

キク科の植物で、根部を使用します。世界中で自然薬として用いられ、漢方薬としても活用されています。肝臓にはたらきかける強肝ハーブとして、また、便秘改善に用いられます。根部を炒っていれたものはタンポポコーヒーと呼ばれ、ノンカフェインのドリンクとしても楽しむことができます。ローストした状態でも市販されています。

## ハイビスカス
*Hibiscus sabdariffa*

アオイ科の植物で、ガク部を使用します。一般的には「ローゼル」と呼ばれ、美しい赤い色とさわやかな酸味が特徴です。利尿作用が高く、むくみや二日酔いの改善におすすめです。ローズヒップとブレンドすると飲みやすくなります。

## ローズヒップ
*Rosa canina*

バラ科の植物で、偽果を使用します。ビタミンCが豊富で、含有量はレモンの20〜40倍ともいわれています。疲れたときや、紫外線が気になるときに飲みたいティーです。美肌にも期待できます。フルーティーで甘い香りと、ほどよい酸味が特徴です。

# おすすめレシピ

改善したい体の不調など、目的に合わせたティーのレシピを紹介します。「シングル」のレシピは、ハーブ・スパイスを1種類使います。「ブレンド」のレシピは、ハーブ・スパイス名のあとについている数字が比率を表しています。全体量がティースプーン1〜3杯になるよう、比率に従ってブレンドして使いましょう。このほかにも、Part6の「ハーブ・スパイス事典」で各ハーブ・スパイスの作用を確認して、自分の目的に合わせて使ってみましょう。

### 胃もたれを感じるときに

　胃の粘膜を保護する作用があるジャーマンカモミールには、緊張を和らげるはたらきもあるので、精神的なストレスも軽減してくれます。消化不良やお腹の張りを緩和するフェンネルをブレンドしてもよいでしょう。ペパーミントは胃腸の不快な症状を緩和します。

*Recipe* [ ブレンド ]

ジャーマンカモミール … 2
フェンネル … 1
ペパーミント … 0.5

### 風邪のひき始め

　体の免疫力や抵抗力を高めるはたらきのあるエキナセアや、ビタミンCを豊富に含んだローズヒップをブレンドして使います。鼻水やくしゃみ、悪寒などの症状を軽減し、発汗作用のあるエルダーフラワーをブレンドしてもよいでしょう。

*Recipe* [ ブレンド ]

エキナセア … 2
エルダーフラワー … 1
ローズヒップ … 1

### 便秘のときに

　便秘の原因に合わせて、使うハーブ・スパイスを選びましょう。ダンディライオンは消化機能の低下が原因の便秘におすすめです。消化を促す作用のあるフェンネル、ストレス性の便秘にはビタミンCを豊富に含むローズヒップもおすすめです。

*Recipe* [ ブレンド ]

ダンディライオン … 1
フェンネル … 1
ローズヒップ … 1

### 疲れたときに

　疲れたときは、ビタミンCを豊富に含んだローズヒップをブレンドしたティーがよいでしょう。肉体疲労にはクエン酸を含むハイビスカスがおすすめです。レモングラスをブレンドすると飲みやすくなります。

*Recipe* [ ブレンド ]

ハイビスカス … 1
レモングラス … 1
ローズヒップ … 2

## 肌の調子をととのえたいときに

　肌荒れには、ストレスや食生活の乱れなどさまざまな原因があります。老廃物を排出するダンディライオンや、ビタミンCが豊富で抗酸化作用のあるローズヒップ、保湿作用や美肌作用のあるハトムギをブレンドして使いましょう。

*Recipe* [ ブレンド ]

ダンディライオン … 1
ハトムギ … 1
ローズヒップ … 1

## リラックスしたいときに

　不安や緊張で落ち着かないときは、緊張を和らげる作用のあるジャーマンカモミールを使いましょう。ストレスや不安で眠れないときも、高ぶった気持ちを落ち着かせてくれます。牛乳で煮出して、ミルクティーにしてもよいでしょう。

*Recipe* [ シングル ]

ジャーマンカモミール

## むくみが気になるときに

　利尿作用のあるスギナやドクダミがおすすめです。また、利尿作用に加えて新陳代謝をよくし、老廃物の排出を促す作用のあるハイビスカスや、毛細血管を丈夫にするはたらきのあるローズヒップをブレンドして使いましょう。

*Recipe* [ ブレンド ]

スギナ … 2
ドクダミ … 0.5
ハイビスカス … 0.5
ローズヒップ … 1

# ハーブ・スパイスを使ったドリンク

　ハーブ・スパイスは、ティー以外にもさまざまなドリンクにして楽しむことができます。紅茶や日本茶などのお茶、コーヒー、お酒などにちょっとプラスするだけで、手軽にアレンジすることが可能です。ハーブ・スパイスのさわやかな香りや風味が加わって、いつも飲んでいるドリンクとは違った味が楽しめます。また、ティーが飲みにくいという人は、紅茶などを加えるだけで、ぐっと飲みやすくなります。

　フレッシュなハーブ・スパイスを使えば、目にも楽しいドリンクになるので、おもてなしにもぴったりです。自分の好みのハーブ・スパイスを使って、アレンジしてみましょう。

## チャイ

*Recipe* ［2杯分］

カルダモン（ホール）… 2粒　　クローブ（ホール）… 2粒
ブラックペッパー（ホール）… 4粒　　シナモン（スティック）… 1本
ジンジャー（生・スライス）… 2枚　　水 … 100㎖
紅茶（茶葉）… 小さじ3　　牛乳 … 200㎖　　砂糖 … 大さじ2

① カルダモン、クローブ、ペッパーは軽くつぶす。鍋に水、スパイスを入れて、火にかける。沸騰したら茶葉を入れ、弱火で1分ほど煮出す。

② *1*に牛乳と砂糖を入れる。沸騰したらすぐに火を止め、茶こしを使ってカップに注ぎ入れる。

> ハーブ・スパイスを牛乳や紅茶などで煮込んだチャイは、マサラティーともいわれます。マサラとは、ヒンディー語で複数のハーブ・スパイスを混ぜたもののことです。

## ハーブ・スパイスティー

*Recipe* ［1杯分］

紅茶、緑茶、ほうじ茶など好みのお茶 … 150㎖
レモングラス、ペパーミント、シナモン、カルダモン、ジンジャーなど好みのハーブ・スパイス … 適量

① ハーブは軽く洗って水けをきる。ハーブ・スパイスをカップに入れ、熱いお茶を注ぎ入れる。

> お茶にハーブ・スパイスをプラスして、いつもとは違った香りや風味を楽しみましょう。紅茶にはレモングラス、緑茶にはペパーミントなどがおすすめです。

## ハーブ・スパイスコーヒー

*Recipe* ［1杯分］

タイム、セージ、ペパーミント、ローレル、クミンなど好みのハーブ・スパイス … 適量　　コーヒー … 150㎖

① ハーブは軽く洗って水けをきる。ハーブ・スパイスをカップに入れ、熱いコーヒーを注ぎ入れる。

## ジンジャーエール

*Recipe* ［1杯分］

ジンジャーコーディアル … 大さじ1　　炭酸水 … 100㎖

① グラスにコーディアル、炭酸水を入れ、軽く混ぜる。辛みが苦手な場合は、コーディアルをこして使う。

●ジンジャーコーディアルの作り方
ジンジャー200gをよく洗い、皮をつけたまま半分は薄切りにし、残りはすりおろす。鍋にジンジャー、砂糖180g、水200㎖を入れ、弱火で15分ほど木べらで混ぜながら煮つめる。レモン汁大さじ1を加えて混ぜ、火を止める。冷ましてから密閉容器に入れる。冷蔵庫で2週間ほど保存可能。

> コーディアル(p.50参照)を作っておけば、飲みたいときに手軽に楽しめます。ティーに入れて飲むのもおすすめです。

## ハーブウォーター

*Recipe* ［作りやすい分量］

スペアミント、ペパーミント、レモングラス、ハイビスカスなど好みのハーブ … 適量　　レモン(輪切り) … 1個分　　水 … 1ℓ

① ハーブは軽く洗って水けをきる。保存容器にハーブとレモンを入れ、水を注ぎ入れる。

② 冷蔵庫に入れ、半日～1日おく。2日ほどで飲みきる。

> ハーブの風味をつけたフレーバーウォーターです。シナモンなどスパイスを使ってもよいでしょう。

## シソジュース

*Recipe* ［作りやすい分量］

赤ジソ … 100g　　青ジソ … 50g　　湯 … 800㎖
砂糖 … 200g　　レモン汁 … 大さじ3

① 赤ジソ、青ジソは葉を摘み、よく洗って鍋に入れる。湯を加え、中火で5分ほど煮る。

② **1**をざるでこしてから煮汁を鍋に戻し、砂糖を加えて火にかける。沸騰したら火を止め、粗熱をとり、レモン汁を加えて混ぜる。

③ 冷まして保存容器に入れる。冷蔵庫で3カ月ほど保存可能。飲むときは、水や炭酸水で割る。

## ハーブ・スパイスビール

*Recipe* ［作りやすい分量］

オレガノ、セージ、タイム、ペパーミント、レモングラスなど好みのハーブ・スパイスのティー … 80㎖　　ビール … 350㎖

① ハーブ・スパイスでティーを作り、冷やしておく。

② グラスに *1* とビールを注ぎ、軽く混ぜる。

## モヒート

> モヒートは、ラム酒に生のミント、ライム、砂糖を加えた、キューバの代表的なカクテルです。ミントをつぶして風味を出します。スペアミントを使ってもよいでしょう。

*Recipe* ［1杯分］

ペパーミント（葉）… ひとつかみ（約3g）　　ガムシロップ … 大さじ1
ライムまたはレモン … 適量　　氷 … 適量　　ラム酒 … 40㎖
炭酸水 … 150㎖

① ペパーミントは軽く洗い、水けをきる。グラスにペパーミント、ガムシロップを入れ、スプーンやマドラーでつぶすように混ぜ、輪切りにしたライムを入れる。

② *1* に氷、ラム酒を入れ、炭酸水を注いで混ぜる。

## サングリア

> サングリアはスペインで生まれたドリンクで、赤ワインを炭酸水やオレンジジュースで割り、フルーツやスパイスを加えて作ります。白ワインで作ってもよいでしょう。

*Recipe* ［作りやすい分量］

シナモン（スティック）… 1本　　クローブ … 3粒　　オレンジ … 2個
りんご … 1個　　レモン … 1/2個　　赤ワイン … 750㎖（1本）

① オレンジは皮をむいて6等分にし、さらに横半分に切る。りんごはよく洗い、皮をつけたままいちょう切りにし、レモンは輪切りにする。

② 保存容器に *1* とシナモン、クローブ、赤ワインを入れる。冷蔵庫に入れ、一晩漬け込む。3日ほどで飲みきる。

# ハーブコーディアル

「コーディアル」は飲み物のひとつで、イギリスなどでは、家庭で手作りされています。もともとはアルコールにハーブを漬けた飲料でしたが、ノンアルコールの飲料に姿を変え、子どもから大人まで楽しめるものになっています。古くは、風邪のときなどに、強壮剤として飲まれていました。ティーやお湯、水などで5〜7倍に薄めて飲みます。

### 材料 [ 作りやすい分量 ]

好みのハーブ（フレッシュ）… 40g（※ドライハーブを使う場合は20g）、水 … 200㎖、砂糖 … 100g
レモンのしぼり汁（またはクエン酸）… 大さじ1〜2

### 作り方

① 鍋に水を入れて火にかけ、沸騰したら火を弱めて、洗って水けをきったハーブを入れる。3分ほど煮出したら火を止め、蓋をして5分ほど蒸らす。

② 茶こしや目の細かいざるでこして別の鍋に移す。砂糖を入れてよく溶かす。

③ 火にかけて混ぜ、弱火で5分ほど煮る。レモン汁を加えて混ぜ、火を止める。冷ましてから、保存容器に入れて冷蔵庫で保存する。

---

**コーディアルにおすすめのハーブ・スパイス**

- ●ジンジャー
  体を温める作用や消化を助ける作用があります。
- ●エキナセア
  抗菌作用があるため、風邪の予防におすすめです。
- ●エルダーフラワー
  発汗作用や利尿作用があり、風邪対策におすすめです。
- ●ハイビスカス＋ローズヒップ
  美白や美肌におすすめのハーブです。

# Part 4

## ハーブ・スパイスを美容・健康・生活に役立てる

ハーブ・スパイスは、バスタイムや肌の手入れ、
ペットの世話など、暮らしのなかで幅広く活躍します。
目的に合わせて、生活にとり入れてみましょう。

# ハーバルバス

## 3つのはたらき

　ハーブ・スパイスを直接浴槽のお湯に入れる方法と、ティーを作り、お湯に混ぜる方法があります。また、入浴法には全身浴と、半身浴、部分浴があります。

　お湯につかることで毛穴が開き、血行がよくなり、ハーブ・スパイスの成分が吸収されやすくなります。ハーバルバスには、3つのはたらきがあります。

　①お湯につかるだけでも体が温まりますが、ハーブ・スパイスの成分がさらにそれを高めます。さらに、ミネラルが肌の表面に薄い膜を作るため、入浴の後も熱を外に逃さないという作用もあります。

　②スキンケアでは、使うハーブ・スパイスの種類によっては、炎症を鎮める、保湿、抗菌などの作用があるため、肌の状態をととのえ、ニキビやあせもの予防につながります。

　③ハーブ・スパイスに含まれる精油成分がお湯に溶け出し、熱によって揮発します。その湯気を吸い込むことで、鼻や喉のトラブルを改善したり、血行をよくしたり、リラックスしたりでき、アロマセラピーと同じはたらきが得られるのです。

# 基本の入浴法① 全身浴

　浴槽にお湯をたっぷり入れ、ハーブ・スパイスを加えて、肩までゆったりつかる方法です。体が温まり、血行がよくなるため、全身の疲労回復や肩こりなどの改善に役立ちます。また、スキンケアなど、ハーバルバスの長所を最大限に生かすことができます。布袋やお茶パックに入れてからお湯に入れると、あと片付けが簡単です。ティーを使う場合は、こして入れてください。

　入浴はゆっくりと時間をかけて行います。お湯の温度は、ややぬるめの38〜40℃に設定して、ゆっくりつかってください。

### 必要な道具

布袋、もしくはお茶パック
ハーブ・スパイス　適量
※家庭用の浴槽なら、20gが目安

**1**
細かくしたハーブ・スパイスを布袋またはお茶パックに入れる(もしくは、熱湯で10分以上抽出し、濃いめのティーを作る)。

**2**
浴槽のお湯に、*1* を入れてから入浴します(ティーはこして加える)。

# 基本の入浴法②　半身浴

　浴槽に少なめにお湯をはり、ハーブ・スパイスを入れ、みぞおちあたりまでつかります。全身浴に比べて心臓などへの負担が軽く、長時間の入浴に適した方法です。ただし、気温が低い時期は、お湯の外に出ている部分を冷やさないように注意してください。バスタオルなどを肩にかけて入浴します。

　全身浴と同じように、血行や代謝をよくする、お湯につかった部分の緊張をほぐすなどのはたらきが得られます。

### 必要な道具

布袋、もしくはお茶パック
ハーブ・スパイス　適量
※家庭用の浴槽なら、20gが目安

**1**
細かくしたハーブ・スパイスを布袋またはお茶パックに入れる（もしくは、熱湯で10分以上抽出し、濃いめのティーを作る）。

**2**
少なめにはった浴槽のお湯に、 1 を入れてから入浴します（ティーはこして加える）。

# 基本の入浴法③　部分浴

　お湯にハーブ・スパイスを入れ、手や足だけをつける方法です。足のむくみや手足の疲れ、冷えなど、部分的なものだけではなく、末端を温めることで全身の血行がよくなるため、疲労回復や冷え症の改善にも役立ちます。特に足浴は有用で、お風呂に入れない際のケアに最適です。肌の保湿にもなり、スキンケアのはたらきも得られます。

### 必要な道具

[手浴法]
洗面器、やかん（鍋やポットでもよい）
ハーブ・スパイス　5g

[足浴法]
バケツ、やかん（鍋やポットでもよい）
ハーブ・スパイス　5g

## 手浴法

**1**
洗面器に5gのハーブ・スパイスを入れる。熱湯を注ぎ、5分間以上抽出する。

**2**
水を加えてお湯を適温に調節し、両方の手首から先をひたす。冷めてきたら、お湯を加える。

## 足浴法

**1**
両足が入る大きさのバケツに5gのハーブ・スパイスを入れる。熱湯を注ぎ、5分以上抽出する。

**2**
水を加えてお湯を適温に調節し、イスに座ってくるぶしの少し上まで両足をひたす。冷めてきたら、お湯を加える。

# おすすめレシピ

改善したい体の不調など、それぞれの目的に合わせた、ハーバルバスのレシピを紹介します。
また、このほかにも、Part6の「ハーブ・スパイス事典」で各ハーブ・スパイスの作用を確認して、自分の目的に合わせて使ってみましょう。
ハーブ名のあとについている数字は、ブレンドする際の比率を表しています。
全身浴・半身浴の場合は20g、部分浴の場合は5gを全体の分量の目安にしてください。

## Recipe 1　リラックスしたいときに

**材料**
ジャーマンカモミール … 1
ラベンダー … 1
ユズ … 1

緊張や不安などで、いてもたってもいられないときは、神経を穏やかにする作用のあるハーブ・スパイスを使います。ジャーマンカモミールもラベンダーも、心身の緊張をときほぐしてリラックスさせてくれます。どれもやわらかく、さわやかな香りが楽しめるので、入浴しながら芳香浴を楽しむことも可能です。

## Recipe 2　血行をよくしたいときに

**材料**
ジャーマンカモミール … 2
ローズマリー … 1

風邪のひき始めなどで寒気がするときなど、肩こりが気になるときなどは、血行をよくすることで体を温め、筋肉の緊張をやわらげることができます。血行をよくする作用があるジャーマンカモミールやローズマリーを使いましょう。ローズマリーは特に手足の部分浴におすすめで、肩こりの改善に役立ちます。

## Recipe 3　冷えを改善したいときに

**材料**
ジャーマンカモミール … 2
ユズ … 1

多くの女性が悩んでいる冷え症。症状はさまざまですが、直接の原因は血行の悪さです。そのため、まずは血行をよくするはたらきのある、ジャーマンカモミールやユズがよいでしょう。また、ストレスが原因で筋肉が緊張して血行が悪くなっている場合もあります。ジャーマンカモミールにはリラックスさせる作用もあるため、おすすめです。

Column

## アロマバス

　精油は植物が含有する揮発性の芳香成分です。ハーブ・スパイスから取り出した精油（エッセンシャルオイル）はアロマセラピーなどに利用されます。

　精油を使って行うアロマバスは、ハーバルバスと同様なはたらきが得られますが、妊娠中や授乳中、病気のとき、お年寄りなど、敏感な体調の場合は、使用量や使用してはいけない精油などをしっかり確認して、十分に注意しながら使うようにしてください。

　たとえば、妊娠初期は原則として精油の使用は禁止されており、妊娠中期・後期は、ペパーミントなどの精油は使用できません。また、特に子どもは大人よりも精油の影響を受けやすいため、1歳未満の乳児には使用しないなど、より厳重な注意が必要です。

　アロマバスは、お湯に精油を入れ、よくかき混ぜてから入浴します。入れすぎると肌に刺激を感じるうえ、香りが強すぎても不快に感じることがあります。それぞれの方法で使用する分量は以下の通りですが、はじめは1滴入れてみて、様子をみながら使用してください。

［精油の分量の目安］　●全身浴　1〜5滴　　●半身浴　1〜3滴　　●手浴法・足浴法　1〜3滴

## バスソルト

　ハーブ・スパイスに天然塩を加えた入浴剤もおすすめです。天然塩には、血行をよくして筋肉の緊張をほぐし、疲れをとるはたらきがあります。

　バスソルトを使って入浴する際は、布袋かお茶パックに入れてからお湯に入れます。使用量の目安は、全身浴・半身浴の場合は20gです。

　ハーブ・スパイスだけでなく、精油も使うことができます。リラックスさせてくれたり、筋肉の緊張をほぐしてくれたりする、ラベンダーがおすすめです。

　バスソルトを保存する場合は、湿気を避けるために、密閉容器に入れて冷暗所で保存します。作った日付を書いたラベルを貼り、1週間以内に使いましょう。

材料［1回分］
好みのハーブ・スパイス … 1〜2g
または好みの精油 … 1滴
天然塩 … 20g

ガラスのボウルなどに塩を入れ、細かくしたハーブ・スパイスを加え、木製のスプーンで軽く混ぜる。精油を使う場合は、塩の中央をくぼませてから精油を入れ、木製のスプーンで混ぜて精油を全体になじませる。

# フェイシャルケア

## 心身に作用する

　ハーブ・スパイスをフェイシャルケアに用いることで、肌の調子をととのえることができます。また、ケアをしながら香りによってリラックスすることができます。この心身の両方に作用するのが、ハーブ・スパイスの特徴です。

　フェイシャルケアには、「フェイシャルスチーム」と「フェイシャルマスク」があります。フェイシャルスチームは、ハーブ・スパイスに含まれる精油などの揮発性の成分と蒸気を利用するものです。フェイシャルマスクは、ティーと同様に水に溶けやすい成分を抽出して使います。肌の悩みなど、目的に合わせて使い分けましょう。

### 注意のポイント

　フェイシャルスチームは、揮発性の成分が目の粘膜を刺激する場合があるため、必ず目を閉じて行いましょう。熱いお湯を使用するので、顔を近づけすぎないようにすることも大切です。顔を伏せる際は、水面から40〜50cm上に顔がくるようにします。また、肌質にもよりますが、頻繁に行いすぎると肌によくない場合があるため、多くとも週2回までにしましょう。

　なお、保存はできないため、フェイシャルスチームを行うごとに、用意してください。

# フェイシャルスチーム

　ハーブ・スパイスに含まれる揮発性の成分を熱湯で揮発させ、蒸気とともに肌に当てることで、直接肌に作用します。熱い蒸気を利用するため、血行をよくするはたらきもあります。また、香りの成分が脳にはたらきかけ、体の内側から調子をととのえてくれます。

　フェイシャルスチームを行ったあとは、ぬるま湯でさっと顔をすすぎます。その後、冷水で洗って肌を引き締め、普段のスキンケアを行いましょう。

**必要な道具**

洗面器、やかん（鍋やポットでもよい）
ハーブ・スパイス　3〜5g

### 1

しっかり洗顔し、洗面器に3〜5gのハーブ・スパイスを入れ、熱湯を注ぐ。

### 2

蒸気を逃がさないようにするため、バスタオルをかぶって頭と洗面器を覆い、顔を洗面器に伏せる。10分間、湯気を顔全体に当てる。ただし、肌が敏感な人は5分間にする。

# フェイシャルマスク

　ハーブ・スパイスの水溶性の成分をお湯で抽出し、フェイシャルマスクシートなどに含ませて、肌に直接当てます。抽出方法はティーと同じですが、温かいまま使用する温湿布と冷やしてから使う冷湿布があります。乾燥が気になる場合は温湿布、日焼けのケアは冷湿布など、目的に合わせて使い分けましょう。

　フェイシャルマスクは、洗顔してから行います。目元など狭い範囲に使用する場合は、コットンを使ってもよいでしょう。

### 必要な道具

鍋、茶こし、ティーカップ、
フェイシャルマスクシート
ハーブ・スパイス　3〜5g

**1**

鍋に3〜5gのハーブ・スパイスを細かくして入れ、熱湯を注いで5分間抽出する。茶こしでこしながらティーカップに注ぐ。冷湿布の場合は、冷蔵庫で冷やす。

**2**

ティーカップから鍋に戻し、冷ます。フェイシャルマスクシートに含ませて軽くしぼり、10分間パックする。

# おすすめレシピ

フェイシャルケアにおすすめのレシピを紹介します。
このほかにも、Part6の「ハーブ・スパイス事典」で各ハーブ・スパイスの作用を
確認して、目的に合わせて使ってみましょう。

## Recipe 1　肌の保湿をしたいときに

**材料**
ヨモギ

　肌の乾燥が気になるときは、保湿作用のあるヨモギを使いましょう。抗菌作用もあるため、ニキビなどの予防にもなります。血行をよくする、肌を引き締めるなど、さまざまな面から肌にはたらきかけます。

## Recipe 2　肌トラブルが気になるときに

**材料**
ジャーマンカモミール
ラベンダー

　肌トラブルがあるときは、ジャーマンカモミール、ラベンダーを使用します。肌の炎症をおさえるだけでなく、リラックス作用もあるため、ストレスが原因のトラブルも改善してくれます。また、ラベンダーは肌の新陳代謝を高めるとともに、抗菌作用もあるため、ニキビなどの予防にもなります。肌への刺激が少ないため、フェイシャルケアにおすすめです。

### 肌との相性をチェック!

　ハーブ・スパイスの成分は多方向にはたらくため、正反対の状態に用いられる場合があります。たとえば、フェイシャルケアで「肌の調子をととのえる」という形でその作用が現れるものは、乾燥肌と脂性肌の両方に使えます。

　また、ハーブ・スパイスを使ったフェイシャルケアは穏やかに作用し、刺激が少ないため、抽出したものを直接肌に使用することができますが、肌との相性を確かめながら使用してください。

# 芳香浴

## 芳香成分を利用する

　芳香浴は、ハーブ・スパイスがもつ香りの成分を部屋に漂わせることで、さまざまなはたらきを得られます。フェイシャルスチームと同じように、ハーブ・スパイスに含まれる、精油などの揮発性の成分を利用します。揮発させた芳香成分をかぐことによって、脳にはたらきかけ、神経を穏やかにします。

　これは、アロマセラピーで精油を用いて芳香浴を行う際も同じですが、ハーブ・スパイスを使うと、よりやわらかな香りが楽しめます。

## 部屋の空気を浄化する

　蒸気を用いるため部屋の湿度が上がり、乾燥を防止することもできます。また、抗菌作用のあるハーブ・スパイスを使えば室内の除菌につながるなど、部屋の空気を浄化するはたらきもあります。特に小さい子どもや高齢者の方の部屋におすすめです。

　芳香浴を行ったあとのお湯は、ざるなどでこして入浴剤としても利用できます。ただし、保存はできないため、その日のうちに使うようにしましょう。

## 基本の方法

　芳香浴の方法は、基本的にはフェイシャルスチームと同じです。お湯がこぼれないよう、部屋の隅など、邪魔にならないところに置きましょう。用いるお湯の温度は70〜80℃が目安です。アロマセラピーと同じように、精油を用いることもできます。精油を用いる場合の方法は、このページの下の記述を参考にしてください。

**必要な道具**
ボウル（1〜2ℓほど入る大きめのもの）、
やかん（鍋やポットでもよい）
ハーブ・スパイス　10〜20g

*1*
ボウルに10〜20gのハーブ・スパイスを入れ、部屋の中の邪魔にならないところに置く。

*2*
ボウルにお湯を注ぎ、湯気を立たせる。冷めてきたらお湯を足す。
＊熱湯に注意して行ってください。

### 精油を用いる場合

　芳香浴には、精油も用いることができます。精油には抗菌作用があるため、心身へのはたらきかけと、室内の空気の浄化とが期待できます。また、精油を購入しておけば、思い立ったときに手軽に行うことができます。

　精油を用いる際は、熱湯を入れたボウルなどに精油を1〜4滴ほど加え、香りを漂わせます。精油の香りが移るため、ボウルなどは芳香浴専用としても問題ないものを選んでください。

　体調や年齢によっては使用できない精油があるため、事前に確認してから使用してください。また、使用する精油の量は1滴から始め、様子をみながら増やすようにしましょう。

# 芳香浴におすすめのハーブ・スパイスと精油

芳香浴におすすめのハーブ・スパイス、精油を紹介します。
また、このほかにも、Part6の「ハーブ・スパイス事典」で各ハーブ・スパイスの作用を確認して、自分の目的に合わせて使ってみましょう。
精油を使用する際は、必ず注意事項を確認してください。

## ハーブ・スパイス

### ゲットウ

さわやかな香りが楽しめます。抗菌作用があるため、部屋の空気をきれいにしてくれます。虫よけにもおすすめです。痰を排出しやすくする作用もあり、風邪などの予防や、喉の不調にもよいでしょう。

### タイム

高い抗菌作用や防腐作用で知られるハーブです。特に、喉の痛みや咳、鼻炎などの呼吸器系のトラブルにはたらきかけます。秋など、体調を崩しやすい季節の変わり目におすすめです。

### ミント

すっとした清涼感のある香りが特徴です。花粉症などですっきりしない春や、クールダウンしたい暑い夏などに選ぶとよいでしょう。眠気をとり、集中力を高めてくれるので、書斎や仕事場などで使いたいハーブです。

### ラベンダー

気分を落ち着けてリラックスさせてくれます。不安や緊張などで落ち着かないときや、よく眠れないときなどに使ってみましょう。抗菌作用もあるため、部屋の空気清浄や風邪の予防にも役立ちます。

## 精 油

### レモングラス

さわやかなレモンのような香りで、リフレッシュしたいときにおすすめです。抗菌作用があり、風邪など感染症の予防に役立ちます。防虫作用もあるため、虫よけにもよいでしょう。

### スイートオレンジ

スイートオレンジの果皮から抽出された精油で、オレンジの果実そのままの甘い香りが楽しめます。不安や心配で気分が沈んでいるときに、前向きな気持ちにしてくれます。

### ローレル

料理に使うことの多いローレルですが、すがすがしい甘い香りで、芳香浴にも適しています。頭をすっきりさせ、集中力を高めてくれます。喉の不調にもおすすめです。

### ユーカリ

すっとしたさわやかな香りの精油です。抗菌・抗ウイルス作用があり、風邪などの感染予防におすすめです。また、喉の不調や花粉症、頭痛などの症状にも役立ちます。

### ローズマリー

すっきりした強い香りが集中力を高め、脳のはたらきを活性化させてくれます。古くから記憶力を高めるハーブとして知られており、疲れたときや、試験勉強の前などにおすすめです。

### ラベンダー

刺激が少なく、さまざまな作用をもち、常備しておきたい精油です。やさしい香りで、気持ちをリラックスさせてくれます。不安などがあり、落ち着かないとき、よく眠れないときなどにおすすめです。

# クラフト

## 歴史あるクラフト

　ハーブ・スパイスを使ったクラフトは、古くから世界各地で親しまれてきました。ポプリは、乾燥させたハーブ・スパイスを花や精油などと混ぜ合わせて熟成させたものです。その起源は古代エジプト時代にまでさかのぼります。古代ギリシャ時代には甘い香りの花などを袋や壺に入れて利用されました。

　ポプリを布袋に入れて作るのが「サシェ」です。芳香剤や消臭剤として、部屋にやさしい香りを漂わせてくれます。袋を大きくして「ハーブピロー」として枕元に置けば、心地よい睡眠を手助けしてくれます。

　このほかにも、サシェをペットの首輪につけたり、ハーブ・スパイスを粉状にして虫よけのパウダーにしたりするなど、暮らしのなかで幅広く利用することができます。自分の生活スタイルや目的に合わせてハーブ・スパイスを選び、生活にとり入れてみましょう。

## 部屋の芳香剤・消臭剤に

サシェは香りを立たせるため、ドライにしたハーブ・スパイスを細かくして使います。これは香りを立たせるためです。サシェは常に空気に触れているので、香りを引きとめるためにクローブを入れ、さらに精油などで香りを加えます。部屋のドアノブにかけたり、玄関に置いたりすることで、芳香剤や消臭剤の役目を果たしてくれます。布袋にシナモンスティックをつけてもよいでしょう。

布袋を大きくすれば、ハーブピローとしても使えます。昔からハーブ・スパイスは枕に入れて使われることも多く、「スリープバッグ」ともいわれます。ラベンダーやミント、タイムなど、気分をリラックスさせるはたらきのあるハーブ・スパイスを選んで使いましょう。ハーブピローにする際は、袋の口を縫ってとめてもよいでしょう。

### おすすめのハーブ・スパイス

**クローブ　マジョラム　ラベンダー**

気分を穏やかにし、リラックスさせてくれるマジョラムやラベンダーが特におすすめです。

### サシェの作り方

**材料**

布 … 15×20cm　　好みのハーブ・スパイス … 10g　　クローブ … 5〜10粒
お茶パック（9cm×7cm）… 1枚　　手芸綿 … 適量　　リボン … 15〜20cm

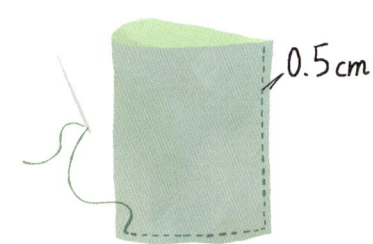

**1** 布の表側が中にくるようにして半分に折り、縫いしろを0.5cmほど残して、2片を縫う。

**2** 細かくしたハーブ・スパイスとクローブをお茶パックに入れる。手芸綿で包み、裏返した袋に入れて形を整える。

**3** 袋の口をリボンで結ぶ。ドアノブにかける際は、リボンを長めにする。

## ペットの消臭・虫よけに

　サシェは、ペットの消臭や虫よけにも用いることができます。小さめの布袋で作り、ペットの首輪につけるのがおすすめです。ハーブ・スパイスをバンダナでくるみ、首に巻いてもよいでしょう。用いるハーブ・スパイスは、消臭作用や防虫作用のあるものを選びましょう。

　また、乾燥させたハーブ・スパイスをパウダー状にしてから布袋に入れてもよいでしょう。パウダーはサシェに入れるだけでなく、体にふって使うことで、ノミなどの虫をよせつけないはたらきもあります。散歩に出る前などに、少量を毛にふりかけて使いましょう。

### おすすめのハーブ・スパイス

**セージ　フェンネル　ミント　レモングラス**

虫よけや消臭、抗菌作用のあるハーブ・スパイスがおすすめです。
パウダーにする場合は、ペパーミントが適しています。ノミよけのほか、消臭にもなります。

**（　サシェの作り方　）** p.67を参照してください。ペットの体に合わせて、大きさを調整するとよいでしょう。

**（　パウダーの作り方　）** 乾燥させたハーブ・スパイスを調理用のミルなどに入れ、できるだけ細かい粉状にします。1回分は2gを目安にします。密閉容器に入れて保存しましょう。

# シューキーパー

　ハーブ・スパイスがもつ抗菌作用や消臭作用を、靴の消臭や菌の増殖防止などに利用します。ハーブ・スパイスを綿にくるんで入れることで、靴の型崩れ防止になります。また、布袋ではなく、赤ちゃんや子ども用の靴下を使ってもよいでしょう。手軽に作れるだけでなく、ころんとした愛らしいシューキーパーができます。

　使うハーブ・スパイスは、抗菌作用や消臭作用のあるものを選び、複数の種類を混ぜて使いましょう。乾燥させたオレンジピールを使うのもおすすめです。

### おすすめのハーブ・スパイス

**オレガノ　クローブ　セージ　タイム
ラベンダー　ローズマリー**

抗菌、消臭作用のあるものを選び、何種類か混ぜて使うのがおすすめです。
自分の好みの香りなるよう、組み合わせてみましょう。
ペパーミント、ドクダミ、ユーカリなどを混ぜて使うのもおすすめです。

## シューキーパーの作り方

### 材料

布(20×40cm) … 2枚　　好みのハーブ・スパイス … 20g　　お茶パック(9cm×7cm) … 2枚
手芸用綿 … 適量　　　　リボン(45cm) … 2本

**1** 布の表側が中にくるようにして半分に折り、縫いしろを0.5cmほど残して1辺を縫う。

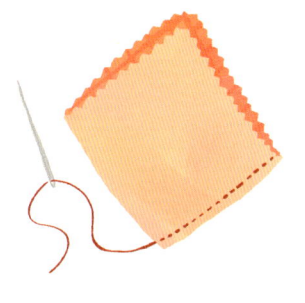

**2** 細かくしたハーブ・スパイスをお茶パックに半量入れ、綿で包む。

**3** 2を1の袋に入れ、形を整える。

**4** 袋の口をリボンで結ぶ。同様にしてもうひとつ作る。

# フルーツポマンダー

　フルーツポマンダーは、オレンジやレモンなどのフルーツにクローブを刺して作るもので、欧米ではクリスマスのプレゼントとして用いられています。中世のヨーロッパでは柑橘系のフルーツにハーブ・スパイスをまぶし、魔よけや病気よけのためのお守りとして用いられていたそうです。現代では、インテリアとして部屋に飾ったりして香りを楽しむものになっています。

　ハーブ・スパイスは、消臭作用や抗菌作用のあるクローブを使います。部屋の芳香剤として、また空気清浄にも役立ちます。

## フルーツポマンダーの作り方

**材料**

オレンジ(他の柑橘系のフルーツでもよい)…1個　　クローブ…約50g(フルーツの大きさで加減)
ポマンダーミックス(パウダー)…10g　　テープ…適量
竹串…1本　　ビニール袋…1枚　　紙袋…1枚　　リボン…適量

※ポマンダーミックスは、カルダモンやオールスパイス、ナツメグなどのパウダーを混ぜ、
　10日ほど熟成させて作ります。

### 1
リボンをつける位置にテープを貼り、クローブを3〜5mm間隔で刺していく。刺しにくい場合は、竹串で穴をあけてから刺す。

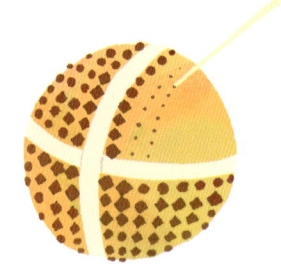

**Point**
クローブはできるだけ深く、しっかり刺す。

### 2
ビニール袋などに入れて、ポマンダーミックスを全体にまぶす。

### 3
1時間ほどなじませ、通気性のよい紙袋などに入れて口を閉じ、室内の風通しのよいところにつるして1カ月ほど乾かす。完全に乾燥したら、テープを外してリボンを十文字にかけて仕上げる。

# Part 5

## ハーブ・スパイスを育てる

ハーブ・スパイスには育てる楽しさもあります。
摘みたてのハーブ・スパイスは香りも風味も新鮮で、
日々の暮らしを豊かにしてくれます。

# ハーブ・スパイス栽培の基本

## 育てる楽しさ

　ハーブ・スパイスは、育てることでさらに楽しむことができます。

　もともと、ハーブ・スパイスは自生する植物です。初心者でも少し手間をかけるだけで、元気に育つため、広い庭がなくても、キッチンやベランダでプランターなどを使って手軽に栽培することができます。

## 育てる前の準備

　初めてハーブ・スパイスを育てる際には、丈夫で、育てやすいものを選びます。セージやタイム、ローズマリーなどは栽培しやすく、料理などに幅広く活用できます。

　育てるハーブ・スパイスが決まったら、以下の道具を用意します。

●**プランター・鉢**　底に穴をあけた容器でもよいでしょう。
●**土**　肥料などが配合された市販の培養土が手軽です。
●**ジョウロ・霧吹き**　種をまいた直後は、ジョウロで水やりをすると、種が流れてしまうため、霧吹きを使います。
●**ハサミ**　収穫や剪定、挿し木などに使用します。

## 園芸的分類を知る

ハーブ・スパイスを育てるうえで大切なのが、その分類を知ることです。

ハーブ・スパイスには多くの種類があり、分類を知ることで育て方のヒントが得られます。それぞれのハーブ・スパイスの生育スタイルがわかり、育てる際の参考になります。

### 園芸的分類で見るハーブの特徴

| | | |
|---|---|---|
| 草本類 | 一年草 | **エゴマ、コリアンダー、シソなど**<br>種まきから発芽して成長し、花が咲いて種を残して枯れるまでの期間が1年以内のもの。 |
| 草本類 | 多年草 | **オレガノ、バジル、ミントなど**<br>冬に葉や茎が枯れても根などは枯れずに残り、春に芽を出し葉をつけるもの。 |
| 木本類 | 常緑低木 | **セージ、タイム、ラベンダー、ローズマリーなど**<br>一年中緑の葉がある常緑樹のうち、大きさが1m未満のもの。 |
| 木本類 | 常緑高木 | **ローレル、ビワなど**<br>一年中緑の葉がある常緑樹のうち、大きさが4m以上のもの。 |

## 「科名」を知る

植物は約30万種に分類されています。植物学者リンネによって始まった分類学は、植物の形態の違いによって分類されてきました。その後、一般的には進化の概念をとり入れた分類体系が使われてきましたが、近年、DNA解析を基にした分類が発展し、現在では主流になりつつあります。

ハーブ・スパイスのなかには、旧来の分類体系と新しい分類体系では「科名」が異なるものもありますが、ハーブ・スパイスを育てる際には、旧来の分類体系が役立ちます。

科ごとに共通する特性があるため、科名がわかれば、そこから育て方や栽培のポイントを大まかに考えることができます。

### 「科」で見るハーブ・スパイスの特徴

| | |
|---|---|
| シソ科 | **タイム、ミント、ラベンダー、ローズマリーなど**<br>主要なハーブのほとんどがこの科に属しています。品種が多いのは、交雑して雑種ができやすいためです。挿し木で増やすことが可能です。精油は葉の「腺毛（せんもう）」に含まれます。 |
| セリ科 | **クミン、コリアンダー、ディル、フェンネルなど**<br>葉と種子の両方を使うものが多くあります。精油は根や茎、葉、果実（種子）にある「油管（ゆかん）」に含まれます。種から育てやすく、寒さに強いものの暑さが苦手なため、注意が必要です。 |
| キク科 | **カモミール、タラゴン、ヨモギなど**<br>薬用成分や抗菌・防虫成分をもつものが多く、食用よりも薬用とされることが多くあります。種から育てやすく、病害虫にも強いので、観賞用としてもよいでしょう。 |
| アブラナ科 | **クレソン、ルッコラなど**<br>独特の辛みは、イソチオシアネートと呼ばれる揮発性の成分が含有するためです。食用として多く用いられます。種から育てやすく、寒さに強いため、秋に種をまくのがおすすめです。 |

## 苗から育てる

　ハーブ・スパイスは、苗を買ってきて植えることがいちばん手軽な方法です。その際に大切なのは、健康な苗を選ぶことです。病害虫がいないか、株元がぐらつかずしっかり根をはっているか、葉の色が鮮やかで枯れていないかをチェックします。必ず手にとって苗の全体を確認し、新鮮でみずみずしい苗を選びましょう。

　苗は黒いビニールポットに入った状態で売られていることが多いのですが、そのままにしておくと根づまりや肥料不足になってしまうので、早めに鉢に植え替えるようにしましょう。

　市販されている苗は3号（直径9cm）のポットが多く、植え替えにはひと回り以上大きい5〜6号（直径15〜18cm）の鉢を用意します。生長に合わせ、1〜2年を目安に少しずつ大きい鉢に植え替えると、丈夫に育ちます。通気性がよく、排水しやすい素焼きタイプのものがおすすめです。

**1** 鉢の底に鉢底ネットを敷く。鉢底から土がこぼれたり、虫が入ったりするのを防ぐことができる。

**2** 水はけをよくするため、軽石を鉢底が隠れるくらいまで入れる。苗を置いたときにちょうどよい高さになるくらいまで土を入れる。苗を仮置きして、鉢の縁から3〜5cm下がっている位置にする。

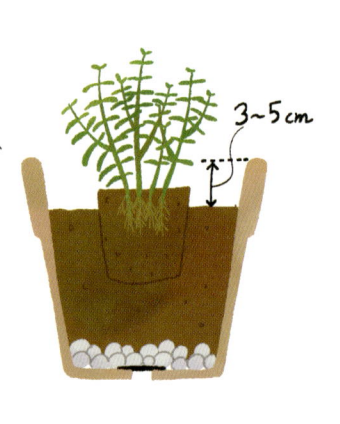

**3** ポットの穴に指を入れて押し、苗を取り出す。根を傷つけないよう、土と根を軽くほぐす。

**4** 苗を入れ、周りから土をすき間なく、苗の根元まで入れる。下についた葉が埋まらないように注意する。苗を定着させるため、根元の周りを指で軽く押す。

**5** 鉢底から水が流れ出すまで、たっぷりと水をやる。鉢に植えてから1〜2日ほどは半日陰に置いて管理する。

## 種から育てる

　種から育てる場合は、環境や季節に適した、新鮮な種を入手することが大切です。自分で育てたハーブ・スパイスからできた種を使うときは、収穫時期や保管方法に注意しましょう。

　種まきには、①4月〜5月初旬にまく「春まき」と、②9月〜10月初旬にまく「秋まき」があります。①は寒さに弱く、夏から秋にかけて花が咲くもので、②は寒さに強く、春に花が咲くものです。タイムやローズマリーなど、ハーブ・スパイスのなかにはどちらでもよい種類もあります。迷った際は、購入した種袋に発芽の適温が書いてあることが多いので参考にしてください。寒さに弱いハイビスカスの種は、5月の連休明けにまくと発芽しやすくなります。

### 1
鉢底ネットを敷き、軽石を入れる。プランターの縁から6〜7cmくらいのところまで土を入れる。

### 2
小さい種の場合は、二つ折りにした紙で均一にまく（ばらまき）。大きい種の場合は、2.5cmほどの間隔をあけ、土の上に種が重ならないようにまく（点まき）。

### 3
小さい種の場合は、紙を二つ折りにした紙で種が見えなくなるくらいまで軽く土をかける。大きい種の場合は、種の厚みの約3倍ほどの土をかける。

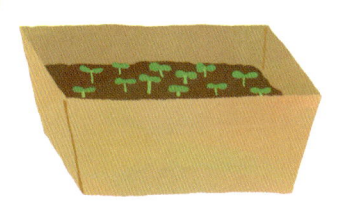

### 4
小さい種の場合は、プランターの下に水を入れた受け皿を置き、底から水を吸わせる。大きい種の場合は、ジョウロで水やりする。半日陰に置き、土の表面が乾いたら水をやる。半日陰に置き、芽が出るまで、土の表面が乾いたら同様の水やりをする。大きくなったら、鉢に植え替える。

### 種のまき方

- **ばらまき**…土の全面にまく方法で、小さい種に用いる。カモミール、シソ、チャービル、ディルなどに適している。
- **点まき**…間隔を決めて2〜3粒ずつまく方法で、大きい種に用いる。コリアンダー、セージ、バジルなどに適している。
- **すじまき**…定規などでまく位置に溝を作り、そこに二つ折りにした紙で種をまく。細かい種に用いる。チャイブ、ルッコラなどに適している。

＊ばらまきやすじまきをした場合は、発芽して葉が2枚ほどになってきたら、1本おきに根元からはさみで切って間引きしましょう。

# 管理のポイント

丈夫で、初心者でも栽培しやすいハーブ・スパイス。水やりや鉢の置き場所など、基本的な管理のポイントを押さえて、上手に育てましょう。

## 土はどれを選べばいいの？

　ハーブ・スパイス栽培に使う土は、ハーブ用もしくは野菜用として市販されている園芸用の培養土を選びましょう。肥料などが配合されていて、手軽に使うことができます。

　土選びの際に大切なのは水はけのよし悪しです。乾燥した場所を好むものは水はけのよい土を、乾燥した場所を嫌うものは保水性の高い土を選ぶとよいでしょう。

## 鉢はどこに置けばいいの？

　日当たり、風通しがよい場所に置いて育てるのが基本です。なかでも、午前中に日が当たる場所がよいでしょう。ただし、夏の日差しが強いときは、半日陰に移します。風通しが悪いところでは、うまく育たないうえ、病害虫が発生しやすくなります。

　また、ハーブ・スパイスのなかには、雨に当たり過ぎると枯れてしまうものがあるため、梅雨や秋の長雨の時期には注意しましょう。ラベンダーやローズマリーなどは雨に弱いため、土の状態を確認して、雨の当たらない場所に移すなどしてください。

　冬場の寒さにも注意が必要です。ハーブ・スパイスによっては、寒さに弱いものもあるため、部屋の中の日が当たる場所に移しましょう。

## 水やりの量と回数はどれくらい？

　基本的には、土の表面が乾いて白っぽくなってきたら、まんべんなく全体に与えます。水が鉢底から流れ出すまで、たっぷり水やりしましょう。回数は春と秋は1日に1回ほど、夏は乾燥しやすいため、午前と夕方の涼しい時間帯に2回。日差しの強い日中は避けてください。冬は、土が乾いてきたら水やりします。ハーブ・スパイスは水をやり過ぎると根が腐ってしまうこともあるので、水やりは少し控えめにしましょう。

## 肥料はどうすればいいの？

　ハーブ・スパイスは、それほど多くの肥料を必要としない植物です。品種ごとの特徴をつかみながら、少し控えめにしてください。肥料は、鉢に植える際に土に混ぜる方法と、年に1～2度、成長期や収穫の前に与える方法があります。与えるものは、効き目が与えたときから現れ、ある程度の期間続く「緩効性肥料」がよいでしょう。

　市販の肥料には、植物の生長に多く必要とされる窒素、リン酸、カリが含まれています。これらは多量三要素と呼ばれています。ハーブ・スパイスの種類によって、適した配合バランスが異なります。葉を収穫するバジルなどは窒素が多いもの、花や種を収穫するフェンネル、ラベンダーなどはリン酸が多いもの、根を収穫するエキナセアなどはカリが多いものを選びましょう。

## 病気や害虫の対策は？

　ハーブ・スパイスの特徴のひとつは、病気や害虫の心配が少ないことです。日当たりと風通しのよいところに置き、枯れた枝や葉、花はすぐに取り除いて、枝や葉が伸びすぎた場合は適宜摘み取って風通しをよくします。

　重要なのはこまめに観察し、対策することです。葉や花が変色していないか、害虫に食べられた様子はないか、日常的にチェックしておけば、早めに気づくことができます。早期に見つけた場合は、病気にかかったり害虫に食べられた部分を取り除くだけでよいでしょう。ダニは乾燥すると葉の裏につくため、葉の裏側に霧吹きなどで水をかけて予防します。アブラムシを見つけたら、ハケなどで取ります。葉に虫食いを見つけたら、害虫を取るようにしましょう。

## 梅雨の時期や夏は対策が必要？

　気温も湿度も高い日本の梅雨や夏は、多くのハーブ・スパイスにとっては大敵です。それは、ヨーロッパや地中海沿岸が原産地の品種が多いためです。梅雨の前に伸びすぎた葉や枝を切って収穫し、むれないように株の根本に日が当たるようにします。茎の先端の若い芽を切ると、脇からも芽が出てきて枝数が増えます。タイムやラベンダーなどは、花が終わってから行いましょう。

## 枝や茎が伸びすぎた場合はどうするの？

　枝や茎、葉が伸びすぎたり繁りすぎたりして混み合ってきたら、切って形を整え、風通しをよくします。これを剪定（せんてい）といい、このうち、込みあった枝葉を切って株元に日が当たるようにし、新しい枝葉の生長を促すことを「切り戻し」といいます。先端の若い芽を切り、芯の生長を止めることで脇から芽が出て、枝数を増やす方法が「摘芯（てきしん）」です。バジル、シソ、ミントなど、ハーブによっては、収穫の際に摘芯を兼ねるものもあります。

## 収穫にコツはあるの？

　ハーブ・スパイスは植えてからすぐに収穫可能なものが多くあり、葉が出ているうちは何度でも収穫できます。コツを押さえて収穫することで、長く楽しむことができます。

　収穫に適した時期の目安は、5月下旬から6月中旬にかけての時期です。梅雨前の2、3日晴れが続いた日の午前中がおすすめです。部位によってタイミングが異なり、葉は花が咲き始める前に、花は満開の少し前に、根は葉や茎が枯れ始めてきたら収穫します。また、イタリアンパセリ、ルッコラ、ディル、コリアンダーなどは、大きくなった葉を茎ごと根元から切ります。セージ、タイム、ローズマリーなどは、使う分を枝ごと切りますが、残った枝には必ず葉が残るようにします。シソ、バジル、ミントなどは、摘芯を兼ねて収穫してもよいでしょう。

# ハーブ・スパイスの殖やし方

ハーブ・スパイスは、簡単な方法で手軽に殖やすことができます。それぞれの種類や育てる環境に合った方法で、上手に殖やしましょう。挿し木・挿し芽、株分けの方法を紹介します。

## 挿し木・挿し芽

最も簡単な方法です。根元の近くに生えている丈夫な枝や茎を選んで切りましょう。シソ、セージ、タイム、バジル、ラベンダー、ローズマリーなどのシソ科のものやローレルなどが適しています。

**1** 若い枝を5〜10cmほど切り、枝の下から半分ほどのところに生えた葉を切り落とす。グラスなどに葉がつからないくらいの量の水を入れ、切った枝を入れて半日ほどおき、しっかり吸水させる。

**2** ビニールポットに土を入れて割り箸などで穴をあけ、枝を挿す。底から水が流れ出すくらいまで、水やりする。直射日光や風が当たらないようにして毎日水やりし、1週間ほど経ったら水やりは控える。ポットの底から根が出てきたら、鉢に植え替える。

## 株分け

根が張って大きくなったハーブ・スパイスは、掘って鉢から取り出し、複数の株に分けて植えます。オレガノ、チャイブ、マジョラム、レモングラスなどに適しています。ミントは株分けでも殖やすことができます。

**1** 鉢から株を取り出し、やさしく土を落として根をほぐす。株の根をいくつかに分ける。

**2** 分けた株それぞれに鉢を用意して土を入れ、個別に植える。土を上から入れ、指で軽く土を押さえる。鉢底から水が流れ出すまでたっぷり水やりする。半日陰に数日置く。

### Column

## ドライハーブ・ドライスパイスの作り方

ハーブ・スパイスの多くは、収穫できる時期が限られますが、ドライにすることで、長く楽しめるようになります。乾燥させた後は、束ねるだけでなく、リースなどにするのもおすすめです。

**ドライにしやすいハーブ・スパイス**

オレガノ　セージ　タイム　マジョラム　ミント
レモングラス　ローズマリー　ローレル

### 吊るして干す

茎ごと収穫したハーブ・スパイスを少量ずつひもなどで束ね、逆さまに吊るして乾燥させます。吊るす場所は、風通しのよい日陰を選びます。完全に乾燥させたら、密閉容器に入れて、6カ月を目安に保存します。葉や種だけを保存する場合は、乾燥させた後に茎から取るとよいでしょう。

### ざるなどで干す

大きい葉や花は、通気性のよいざるなどを使ってもよいでしょう。ざるなどに1枚ずつ重ならないように並べ、風通しのよい日陰に置いて乾燥させます。直射日光を当てないように注意してください。新聞紙などで覆いをすると、きれいに色が残ります。完全に乾燥させたら、乾燥剤といっしょに密閉容器に入れて、6カ月を目安に保存します。

# ハーブ・スパイスを使った
# テーブルコーディネート

キャンドルやカトラリーレストなど、フレッシュなハーブ・スパイスを使ったクラフトはさまざまです。
ひとつ置くだけで、ナチュラルなみずみずしさが加わり、テーブルが華やかになります。
テーブルコーディネートのアイデアや、手軽に作れるクラフトを紹介します。

フレッシュなハーブ・スパイスで作ったカトラリーレストとナプキンリング・リースを使うと、緑が白いナプキンやお皿に映えて鮮やかになります。カトラリーレストは小さめに作れば、箸置きにもなります。カトラリーレスト、ナプキンリング・リースの作り方は、p.82、83を参照してください。

おもてなしするときは、キャンドルをハーブでアレンジしましょう。シンプルなキャンドルでも、豪華な印象になります。おしぼりにハーブ・スパイスをくるめば、いい香りがふんわり広がります。暑い季節は冷蔵庫で冷やしてからテーブルに出しましょう。おしぼり、キャンドルの作り方は、p.82、83を参照してください。

## おしぼり

### 材料
フェンネル、ミントなど好みのハーブ・スパイス
ひも
おしぼり

**1**
ハーブ・スパイスをまとめて、ひもで束ねる。水でぬらしてしぼったおしぼりを広げて、イラストのように折る。

**2**
おしぼりの手前から向こうに、半分よりも少なめに折る。ハーブ・スパイスの束を置き、手前から向こうに巻く。

## カトラリーレスト

### 材料
タイム、ミント、ローズマリーなど食べられるハーブ・スパイス
ひも

**1**
ハーブ・スパイスを数本ずつまとめて、束を2つ作る。

**2**
2つの束の根元を合わせ、束の真ん中あたりをひもでしっかり結ぶ。

## ナプキンリング・リース

### 材料

ミント、ローズマリーなど好みの
ハーブ・スパイス
ひも

**1** ローズマリーなどで輪を作り、ひもで結んで留める。残りのハーブ・スパイスはまとめて束にする。

**2** 輪にしたものと束にしたものを合わせて、下のほうをひもで止める。輪の中にたたんだナプキンを通して使う。

## ウォーターキャンドル

### 材料

オレガノ、ミント、ローズマリーなど
好みのハーブ・スパイス
水
キャンドル(水に浮くもの)
耐熱性のあるガラスボウル

**1** ボウルの大きさに合わせて、ハーブ・スパイスの長さを整える。

**2** ボウルに水を入れてハーブ・スパイスとキャンドルを浮かべる。
＊キャンドルの火にハーブ・スパイスがつかないように注意する。

# ハーブ・スパイスを使ったフラワーアレンジ

## みずみずしい姿と香り

　ハーブ・スパイスはそのまま部屋に飾っても、美しい姿やみずみずしい香りで心身をリラックスさせてくれます。乾燥させたものをポプリなどにして使ってもよいですが、フレッシュなものをアレンジして飾るのもおすすめです。自分で育てたハーブ・スパイスを摘んで使えば、アレンジが気軽に作れるうえ、新鮮で香り高い状態で楽しむことができます。

　「タッジーマッジー」などハーブ・スパイスを使ったクラフトやアレンジには古い歴史があり、さまざまな変遷を経て現代まで続いています。好みのハーブ・スパイスを使ってアレンジしてみましょう。

## タッジーマッジー

　中世ヨーロッパでは、セージ、ラベンダー、ローズマリー、ローズなどが使われていました。その香りと殺菌などのはたらきから、病気や悪霊を退け、幸運を呼ぶと考えられ、外出の際などに持ち歩く習慣が生まれました。19世紀には花言葉から使うハーブ・スパイスを選んで贈り、恋人同士が気持ちを伝え合うなど、プレゼントとして使われるようになります。このため、今でも「幸運の花束」「言葉の花束」と呼ばれています。フレッシュなものだけでなく、ドライのもので作ってもよいでしょう。

### 材料

ミント、ローズマリー、レモングラスなど好みのハーブ
レースペーパーやラッピングペーパーなど
リボンやひも

### 1

ハーブ・スパイスを15cmほどの長さに切り、茎の下の方についた葉を取る。まとめて花束にし、持ち手の部分を8〜10cmほど残して茎を切り落とす。大きい花がついたものを中央にし、その周りをほかのもので囲むようにして配置すると、きれいにまとまる。

### 2

レースペーパーなどで花束を包み、リボンやひもを結ぶ。

## ローズマリーリース

　リースは、葉や花などの植物を用いて輪の形にアレンジしたものです。輪は平和や永遠、幸福などの象徴とされてきました。その由来は、古代ギリシャ・ローマ時代にさかのぼります。葉や花、枝などで輪を作り、勝利者のシンボルとして、また酒宴や葬式などで用いられました。これがキリスト教に受け継がれ、クリスマス・リースなどになりました。
　ハーブ・スパイスを使ったリースは、見た目も華やかで香りも抜群です。キッチンやリビングなど、いろいろなところに飾って楽しめます。フレッシュなものとドライのものを組み合わせて、オリジナルのリースを作ってみましょう。

### 材料

ローズマリーの枝
スターアニス、セージ、タイム、ローズマリーなど好みのハーブ・スパイス
ワイヤー（緑もしくは茶色のもの）
ひも

### 1

大きめのハーブ・スパイスの枝で半円を2つ作り、組み合わせてワイヤーで留める。つる性の植物で輪を作り、ワイヤーで止めて土台を作ってもよい。

### 2

好みのハーブ・スパイスを少しずつまとめ、土台の輪に配置してワイヤーやひもでつけていく。

# ラベンダーバンドルズ

「バンドルズ」とは束や包みという意味で、フレッシュなラベンダーを束ねて作ります。その形から「ラベンダースティック」と呼ばれることもあります。リボンで編んだ見た目もかわいらしいので、部屋に置いてラベンダーの香りを楽しみましょう。枕元に置けば、ラベンダーの香りでリラックスして眠ることができます。
＊フレッシュなラベンダーを新聞紙に包んで、ひと晩おいたものが作りやすいでしょう。

### 材料

ラベンダー（フレッシュ）…13～17本
（本数は奇数にする）
リボン（1m）…1本
リボン（20～30cm）…1本

**1** ラベンダーは葉を取り除き、花のつけ根をリボンで結ぶ。このとき、リボンは端のほうを使って結び、片方の端が長くなるようにする。

**2** 花のほうに向かって、茎を1本ずつ折り曲げる。

**3** リボンを茎に1本おきに通して巻いていく。

**4** 花の下まで巻いたらリボンの端を茎にさし込んで留める。別のリボンを巻いて蝶結びにし、茎を切りそろえる。

# Part 6

## ハーブ・スパイス事典

検定試験の出題の対象となるのは、56種類の
ハーブ・スパイスです。
それぞれのハーブ・スパイスの名前、使用する部位、
主な作用、適応など、ハーブ・スパイスの
プロフィールを覚えましょう。

# ハーブ・スパイス事典の使い方

**ドライハーブ・スパイス**
ドライのものが市販されているハーブ・スパイスは、写真を掲載しています。

### オレガノ
*Oregano*

| 学名 | *Origanum vulgare* |
|---|---|
| 和名 | 花薄荷（ハナハッカ） |
| 科名 | シソ科 |
| 原産地 | 地中海沿岸 |
| 使用部位 | 葉および花穂 |
| 定植時期 | 4月中旬～6月中旬 |
| 特徴成分 | 精油（チモール、カルバクロール） |
| 作用 | 抗菌、防腐、消化機能活性化 |
| 適応 | 消化器系や呼吸器系の不調 |
| 禁忌 | 妊娠中の多量摂取 |

**万人に好まれる香りと味は、幅広い料理で活躍**

ミントにも似たフレッシュな香りとほのかな刺激は、肉料理やチーズ、トマトと相性抜群です。俗に「ピザスパイス」と呼ばれるものは、オレガノが主成分の場合が多くあります。乾燥させると葉は砕けやすくなりますが、生葉よりも香りが強くなるのが特徴です。さまざまな種類があるので、料理に使うときは香りを確かめるようにしましょう。消化を助けるほか強壮作用もあるので、なかなか疲れがとれないときにおすすめです。

☐ **おすすめの利用法**
肉や魚のくさみを消すため、イタリア・地中海・メキシコ料理には不可欠なハーブです。グリルや炒めもの、煮込み料理など幅広く使えます。ティーは胃腸や呼吸器系の不調に有用で、食後に飲むと消化を促進するともいわれています。

☐ **エピソード**
語源はギリシャ語で「喜びの山」を意味する言葉です。その香りはローマ時代の美食家も愛好したといわれています。

---

- **A** — 各ハーブ・スパイスの学名、和名、科名、原産地、使用部位、定植時期、特徴成分、作用、適応を記載しています。
  ＊日本での栽培が難しいものは、定植時期の項目を「一」と記載しています。

- **B** — 禁忌…各ハーブ・スパイスを使用する際に気をつけるべきこと、禁止されていることをまとめています。体調などによっては使用を控えるべきものもありますので、よく確認しましょう。

- **C** — 英名…各ハーブ・スパイスの英名を記載しています。

- **D** — 解説…各ハーブ・スパイスの作用や楽しみ方などについて、歴史などを交えて解説しています。

- **E** — おすすめの利用法…各ハーブ・スパイスの利用法を紹介しています。

- **F** — エピソード…名前の由来など、各ハーブ・スパイスにまつわるエピソードを紹介しています。

＊Aのうち、🍃（西洋のハーブ）、🌿（日本のハーブ）マークのついた項目が、検定試験の範囲です。p.119、134のコラムも範囲に含まれます。

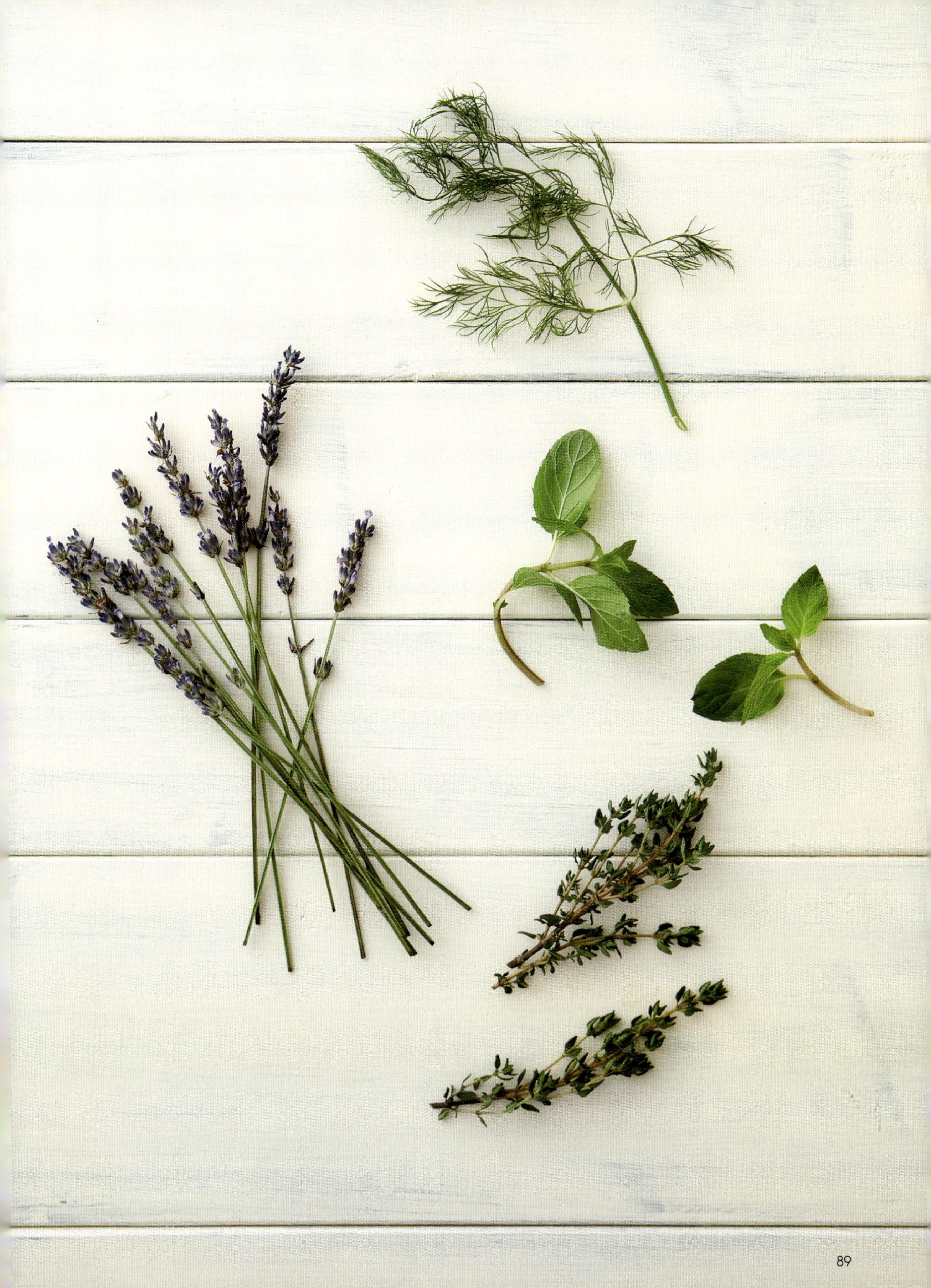

# オレガノ
Oregano

| | |
|---|---|
| 学名 | *Origanum vulgare* |
| 和名 | 花薄荷（ハナハッカ） |
| 科名 | シソ科 |
| 原産地 | 地中海沿岸 |
| 使用部位 | 葉および花穂 |
| 定植時期 | 4月中旬～6月中旬 |
| 特徴成分 | 精油（チモール、カルバクロール） |
| 作用 | 抗菌、防腐、消化機能活性化 |
| 適応 | 消化器系や呼吸器系の不調 |
| 禁忌 | 特に知られていません |

## 万人に好まれる香りと味は、幅広い料理で活躍

ミントにも似たフレッシュな香りとほのかな刺激は、肉料理やチーズ、トマトと相性抜群です。俗に「ピザスパイス」と呼ばれるものは、オレガノが主原料の場合が多くあります。乾燥させると葉はくだけやすくなりますが、生葉よりも香りが強くなるのが特徴です。さまざまな種類があるので、料理に使うときは香りを確かめるようにしましょう。消化を助けるほか強壮作用もあるので、なかなか疲れがとれないときにおすすめです。

☐ **おすすめの利用法**

肉や魚のくさみを消すため、イタリア・地中海・メキシコ料理には不可欠なハーブです。グリルや炒め物、煮込み料理など幅広く使えます。ティーは胃腸や呼吸器系の不調に有用で、食後に飲むと消化を促進するともいわれています。

☐ **エピソード**

語源はギリシャ語で「喜びの山」を意味する言葉です。その香りは、ローマ時代の美食家も愛好したといわれています。

# カルダモン
Cardamon

| | |
|---|---|
| 学名 | *Elettaria cardamomum* |
| 和名 | 小荳蔻（ショウズク） |
| 科名 | ショウガ科 |
| 原産地 | インド、スリランカ、マレー半島 |
| 使用部位 | 果実 |
| 定植時期 | 5〜8月 |
| 特徴成分 | 精油（1,8-シネオール、酢酸テルピネル）、フラボノイド |
| 作用 | 消化機能活性化、腸内のガスを排出する |
| 適応 | 消化不良、食欲不振、口臭 |
| 禁忌 | 特に知られていません |

## 「スパイスの女王」と呼ばれ、世界各地で珍重される

インドをはじめ北欧、中東、エジプトなどで広く愛用されているスパイスです。口に含むと清涼感のあるスパイシーな香りと苦みが感じられます。古くから香辛料や芳香性健胃薬として珍重されてきました。インドではカレーやガラムマサラに多用され、アーユルヴェーダでは最も安全な消化促進剤とされています。北欧ではケーキやパンに、日本ではカレー粉の主原料にも使われます。精油は甘くスパイシーな香りで、心身を温め、疲労回復に役立ちます。

□ おすすめの利用法

独特の香りで、料理に多用されます。パウダー状にして加えましょう。ティーとして飲むのもおすすめで、胃もたれやお腹の張りを改善するほか、腸内にたまったガスを取り除いてくれる作用も期待できます。チャイにしてもよいでしょう。

□ エピソード

「スパイスの王」ペッパーに対し、「スパイスの女王」とも呼ばれます。グリーンカルダモンが最も良質とされています。

# ガーリック
Garlic

| | |
|---|---|
| 学名 | *Allium sativum* |
| 和名 | 大蒜（ニンニク） |
| 科名 | ネギ科（ユリ科）＊ |
| 原産地 | 中央アジア |
| 使用部位 | 鱗茎 |
| 定植時期 | 9月 |
| 特徴成分 | アリイン、アルギニン、カロテノイド、ビタミン（B群、C、E）、ミネラル |
| 作用 | 疲労回復、抗菌、消化機能活性化、抗酸化 |
| 適応 | 肉体疲労、生活習慣病の予防 |
| 禁忌 | まれに胃腸への刺激やアレルギー反応など<br>抗血栓薬との薬物相互作用の発現の可能性 |

＊科名の（ ）内に記載されているものは、旧来の分類体系による科名です（p.73参照）。

## 魚や肉のくさみ消し、食欲増進に古代から大活躍

ガーリック特有の強いにおいには食欲増進のほか、魚や肉のくさみを消す作用があり、古くから肉料理の香辛料やソースの原料として多用されてきました。古代エジプトでは、ピラミッドの建設をしていた労働者にスタミナ源として与えていたとの記述もあります。その使用範囲は全世界に及び、アーユルヴェーダでは若返り作用のあるスパイスとしても浸透しています。強力な抗菌作用、抗酸化作用などがあり、強壮だけでなく、生活習慣病予防にも適しています。

### □ おすすめの利用法
塩、ペッパーに次ぐ第3の調味料といわれるだけあり、グリル、煮込み、スープ、麺類、ソースなど世界各地の料理のおいしさを引き立てます。収穫したガーリックは、風通しのよいところに吊るしておくと長もちします。

### □ エピソード
『古事記』『源氏物語』などにも記載があります。乾燥後に煎じたものを風邪薬として飲んでいたようです。

# クローブ
Clove

| | |
|---|---|
| 学名 | *Syzygium aromaticum* |
| 和名 | 丁子（チョウジ） |
| 科名 | フトモモ科 |
| 原産地 | モルッカ諸島（インドネシア） |
| 使用部位 | 蕾 |
| 定植時期 | 6〜7月 |
| 特徴成分 | 精油（オイゲノール、β-カリオフィレン）、フラボノイド |
| 作用 | 防腐、抗菌、鎮痛 |
| 適応 | 歯科領域の痛み、口腔粘膜の炎症、消化器系の不調 |
| 禁忌 | 特に知られていません |

## 釘に似た形で、甘く濃厚な香りが特徴

強力な殺菌作用と鎮痛作用をもつクローブの精油は「歯医者さんの香り」といわれ、歯痛や口臭予防などの目的で歯科領域には欠かせない存在です。防腐作用もあるため、タンスの芳香剤代わりに用いることもあります。粉末は古くから伝統医学において芳香性健胃薬として使われてきており、インドでは歯が痛いときに口に含んで痛みをおさえます。インドネシアでは、クローブを含んだ香りの高いタバコが好まれています。

☐ **おすすめの利用法**

肉料理やフルーツと相性抜群です。ポトフやビーフシチュー、豚の角煮、コンポートや焼きりんごに合わせて利用します。煮込み料理にホールで使うときは、材料に十字の切り込みを入れて刺しておくと、調理後に取り除きやすいです。

☐ **エピソード**

形が釘に似ていることから、フランス語では「釘」という意味の「クルウ（Clou）」と呼ばれています。

# コリアンダー
Coriander

| | |
|---|---|
| 学名 | *Coriandrum sativum* |
| 和名 | カメムシソウ |
| 科名 | セリ科 |
| 原産地 | 地中海地方 |
| 使用部位 | 種子、葉、茎、根 |
| 定植時期 | 4月中旬～5月 |
| 特徴成分 | 精油（リナロール、カンファー）、フラボノイド |
| 作用 | 消化機能活性化、腸内のガスを排出する |
| 適応 | 消化不良、食欲不振、便秘 |
| 禁忌 | 特に知られていません |

## 葉と種子で異なる香りが楽しめる人気のハーブ

完熟した種子の部分と葉の部分では、香りがまったく異なります。種子は甘くさわやかな香りで、たんぱく質と調和する特徴があります。アフリカからアジアにかけての地域で肉・卵・豆類の料理に多用されるほか、お菓子やパンにも使われます。葉は強烈といっていいほどの独特な芳香で、料理のトッピングや炒め物、ソースなどに、特にアジア、南米、中近東などでよく使われます。種子には消化不良を改善するはたらきがあるといわれています。

☐ **おすすめの利用法**

葉の香りは好みが分かれるため、調整しながら利用しましょう。葉は肉や魚料理、スープの香りづけのほか、サラダやお粥の飾りつけに利用します。種子はカレーやピクルスの風味づけにホールのままで用います。種子でいれたティーは消化を促進します。

☐ **エピソード**

中国では「香菜（シャンツァイ）」、タイでは「パクチー」と呼ばれ、エスニック料理の必需品です。近年、日本でも人気が高まっています。

# サフラン
Saffron

| | |
|---|---|
| 学名 | *Crocus sativus* |
| 和名 | 蕃紅花（ばんこうか） |
| 科名 | アヤメ科 |
| 原産地 | 地中海沿岸 |
| 使用部位 | 柱頭 |
| 定植時期 | 8月中旬〜9月中旬 |
| 特徴成分 | カロテノイド（クロシン）、精油（サフラナール） |
| 作用 | 血行促進、神経を穏やかにする、月経の不順を調える |
| 適応 | 冷え症、自律神経失調症 |
| 禁忌 | 妊娠中の多量摂取 |

## 冷えの改善など、女性にうれしいはたらきがたくさん

欧米では香味料やメディカルハーブとして、日本でも女性の疾患に古くから使用されてきました。水にひたすと黄金色の色素とエキゾチックな芳香が現れ、スペインのパエリアや、フランスのブイヤベースなどの料理には欠かせない存在です。冷えを予防して体内のめぐりを改善し、女性ホルモンのバランスにもはたらきかけてくれます。アーユルヴェーダでは消化器官の疾患に作用するとされています。

☐ **おすすめの利用法**

料理で使う際は、水に20分以上ひたして利用します。色出し後は、取り除いても入れたままでも問題ありません。カレーやブイヤベース、リゾットに使うほか、サフランを入れて炊くサフランライスも人気です。

☐ **エピソード**

サフランの花の赤いめしべのことで、ひとつの花から3本しかとれないうえ、手で摘むため、貴重で高価なスパイスです。

# シナモン
Cinnamon

| | |
|---|---|
| 学名 | *Cinnamomum verum*（セイロンシナモン）<br>*Cinnamomum aromaticum*（カシア） |
| 和名 | 肉桂（ニッケイ）、桂皮（ケイヒ） |
| 科名 | クスノキ科 |
| 原産地 | スリランカ |
| 使用部位 | 樹皮 |
| 定植時期 | 3月〜4月中旬 |
| 特徴成分 | 精油（ケイヒアルデヒド、オイゲノール）、タンニン |
| 作用 | 消化機能活性化、腸内のガスを排出する、抗菌 |
| 適応 | 消化不良、腹部の膨満感 |
| 禁忌 | 妊娠中の多量摂取 |

## 探検家たちが探し求めた最古のスパイス

古くから東西の伝統医学で使われており、大航海時代には探検家たちが探し求めたスパイスのひとつです。インドの代表的なスパイスミックス「ガラムマサラ」、モロッコのタジンなど羊肉料理、お菓子などで多用されるほか、香味果実酒、ポプリやお香などにも使われています。アーユルヴェーダでは、循環器の流れを強化します。代表的な品種は、セイロンシナモンとカシアです。前者は柑橘系のさわやかな香り、後者はより甘く濃厚な香りです。

### □ おすすめの利用法
アップルパイやクッキー、ジャムなどお菓子作りに使えば甘みが引き立ち、肉料理に使えば風味づけになります。コーヒーや紅茶、ココアなどに入れて香りを楽しみます。

### □ エピソード
防腐作用があると考えられていたため、古代エジプトではミイラ保存のために使われていました。

# ジンジャー
Ginger

| | |
|---|---|
| 学名 | *Zingiber officinale* |
| 和名 | 生姜（ショウガ） |
| 科名 | ショウガ科 |
| 原産地 | 熱帯アジア |
| 使用部位 | 根茎 |
| 定植時期 | 4月中旬～5月下旬 |
| 特徴成分 | 精油（ジンギベレン）、ジンジャーロール、ショウガオール |
| 作用 | 消化機能活性化、炎症をおさえる、鎮痛 |
| 適応 | 消化不良、つわり、乗り物酔い、関節炎 |
| 禁忌 | 特に知られていません |

## 日本の食卓には欠かせない、さわやかな香りと辛味

肉・魚料理、菓子、ドリンク、ソースなど世界各地で広く使用されており、特にアジアではガーリックといっしょに使われます。日本では薬味や下味に欠かせないだけでなく、酢漬けにしたものや葉ショウガなどもよく食されます。血液の循環をよくして体を温めてくれるため、風邪気味のときにショウガ湯を飲む習慣があります。吐き気や痛みをおさえるはたらきもあります。

☐ **おすすめの利用法**

さまざまな料理の味を引き立てる万能スパイスです。ドライのものをフード用ミルでパウダーにすれば、ドリンクや料理などに手軽に使えて便利です。ティーとして飲む際は、ほかのハーブ・スパイスとブレンドしてもよいでしょう。

☐ **エピソード**

10世紀頃の西洋では高価だったため、一部の人しか使えませんでしたが、14世紀にはペッパーに次ぐ重要なスパイスになりました。

# スターアニス
Star anise

## 中華料理に不可欠な星形スパイス

八角の星形が特徴的なスパイスです。甘く強い香りで、「八角」という名前でよく知られています。世界の総生産量の8割以上が中国で、中華料理には不可欠な存在です。豚肉や鴨肉料理で用いられますが、くさみを消す作用はなく香りづけが主な目的で、ミックススパイス「五香粉（ウーシャンフェン）」にも使われます。胃弱や風邪の漢方薬として使われ、歯磨き粉や石けんの香料にも使用されています。近年、インフルエンザ薬の原料として注目されています。

| | |
|---|---|
| 学名 | *Illicium verum* |
| 和名 | 八角（ハッカク）、大茴香（ダイウイキョウ） |
| 科名 | マツブサ科（シキミ科）＊ |
| 原産地 | 中国南部、ベトナム |
| 使用部位 | 果実 |
| 定植時期 | — |
| 特徴成分 | 精油（アネトール、α-ピネン、リモネン） |
| 作用 | 消化機能活性化、腸内のガスを排出する |
| 適応 | 消化器系の不調、腹部の膨満感 |
| 禁忌 | 特に知られていません |

＊科名の（）内に記載されているものは、旧来の分類体系による科名です（p.73参照）。

□ **おすすめの利用法**
中華料理に加えれば、グッと本格的な仕上がりになります。肉料理だけでなく、ほかのスパイスと合わせてスープ、煮込み料理の香りづけに用います。甘い香りを活かし、杏仁豆腐に加えてもよいでしょう。香りが強いので、使用量に注意しましょう。

□ **エピソード**
独特の香りの主成分「アネトール」は、アニスやフェンネルにも含まれ、似た香りをもちます。

# セージ
Sage

| | |
|---|---|
| 学名 | *Salvia officinalis* |
| 和名 | 薬用サルビア |
| 科名 | シソ科 |
| 原産地 | 地中海沿岸、北アフリカ |
| 使用部位 | 葉 |
| 定植時期 | 4～5月 |
| 特徴成分 | フラボノイド（ルテオリン）、精油（ツヨン）、ロスマリン酸 |
| 作用 | 抗菌、肌を引き締める、抗酸化 |
| 適応 | 口内炎、歯肉炎、更年期の発汗異常 |
| 禁忌 | 妊娠中の多量摂取 |

## さまざまなはたらきを持つ「長寿のハーブ」

学名の語源「salvare」には「救う、治療する」などの意味があり、作用も豊富です。古くからメディカルハーブとしてさまざまな場面で重用され、古代ローマ時代には免疫を高める薬草とされていました。抗酸化作用、抗菌作用などがあり、喉の炎症や口内炎、歯肉炎を鎮めます。ヨモギに似たさわやかな芳香とほろ苦さが特徴で、ヨーロッパで多用されます。肉料理など脂っこい料理がすっきり仕上がります。

### ☐ おすすめの利用法

料理やティーとして利用するほか、ティーを冷ましてうがいに使ってもよいでしょう。収れん作用もあるため、制汗や肌の引き締め、オーラルケアにも最適です。セージのパウダーと塩を1：3の割合で混ぜ、歯磨き粉として使います。

### ☐ エピソード

ヨーロッパでは「庭にセージを植えている者は死ぬはずがない」ということわざがあるほど、古くから薬草として利用されています。

# ターメリック
Turmeric

| | |
|---|---|
| 学名 | *Curcuma longa* |
| 和名 | 鬱金（ウコン） |
| 科名 | ショウガ科 |
| 原産地 | 熱帯アジア |
| 使用部位 | 根茎 |
| 定植時期 | 4月中旬～5月（十分に暖かくなってから） |
| 特徴成分 | クルクミン、精油（ターメロン）、フラボノイド |
| 作用 | 抗酸化、強壮、肝臓・胆のうの機能を高める |
| 適応 | 肝臓・胆のうの機能低下、循環不良 |
| 禁忌 | 妊娠・授乳中や多量摂取 |

## カレーに欠かせない、インドの定番スパイス

カレーパウダーに不可欠で、カレーの黄色はターメリックによるものです。黄色い色素成分であるクルクミンは脂溶性なので、調理するときは油といっしょに用いると、きれいに色が出ます。独特の土くささは加熱によって弱まり、味に深みが加わります。アーユルヴェーダでは天然の抗生物質、漢方の生薬「鬱金（うこん）」としては気をめぐらせるはたらきがあるとされ、血流障害の改善などに処方されます。肝臓のはたらきを高める作用もあります。

### ☐ おすすめの利用法
鮮やかな黄色は、米、肉、魚、野菜などさまざまな料理の色づけに大活躍します。たくあんにも使えます。肝機能を高めてくれるので、飲酒の機会の多いときや飲みすぎたときなどに、ティーとして飲むとよいでしょう。

### ☐ エピソード
クルクミンは紫外線で分解される成分です。衣服についてシミになったら、洗って日光に当てておくとよいでしょう。

# タイム
Thyme

| | |
|---|---|
| 学名 | *Thymus vulgaris* |
| 和名 | 立麝香草（タチジャコウソウ） |
| 科名 | シソ科 |
| 原産地 | ヨーロッパ、北アフリカ、アジア |
| 使用部位 | 葉、花 |
| 定植時期 | 4月中旬〜6月 |
| 特徴成分 | 精油（チモール、カルバクロール）、フラボノイド（アピゲニン）、タンニン、サポニン |
| 作用 | 抗菌、痰の排出を促す |
| 適応 | 呼吸器系の不調、消化不良、口臭 |
| 禁忌 | 特に知られていません |

## ハーブのなかでも最も強い抗菌力をもつ

強い抗菌力をもち、病原菌の感染を阻止することで知られています。防腐作用もあるため、ソーセージやピクルス、ソースなどの保存食によく利用されます。清涼感のある強い香りは魚、肉、トマトと相性がよく、特に魚と相性がよいので「魚のハーブ」と呼ばれるほどです。熱を加えても香りが変わらないため、煮込みや香草焼き、ムニエルなどにも適しています。乾燥しても香りが残るため、ドライハーブにしてもよいでしょう。

### □ おすすめの利用法

料理のくさみ消し、風味づけに利用します。フレッシュのものは、オイルやビネガーに漬け込んでおくと、香りが移って長く楽しめます。ティーにすれば、喉の痛みや咳止め、鼻炎など呼吸器系の不調を改善します。インフルエンザ予防にもよいでしょう。

### □ エピソード

園芸で一般的な「コモンタイム」、香りがさわやかな「レモンタイム」など、たくさんの品種があります。

## タラゴン
Tarragon

| | |
|---|---|
| 学名 | *Artemisia dracunculus* |
| 和名 | — |
| 科名 | キク科 |
| 原産地 | ロシア南部、西アジア |
| 使用部位 | 葉、花穂 |
| 定植時期 | 5月 |
| 特徴成分 | 精油（エストラゴール、オシメン） |
| 作用 | 消化機能活性化、強壮 |
| 適応 | 食欲不振、肉体疲労 |
| 禁忌 | 特に知られていません |

### 食通をうならせる甘さとさわやかな風味

「食通の好むハーブ」といわれ、アニスに似た甘さと、ほどよい辛さをともなったさわやかな風味をもちます。フレンチタラゴンとロシアンタラゴンの2種類があり、香りが高いのは前者で、後者は丈夫でよく育ちます。フランス料理の定番ハーブで、代表的なエスカルゴ料理には不可欠です。フレッシュなタラゴンを漬けたタラゴンビネガーはビネガーの定番といわれるほか、そのまま薬味や飾りとして添えることもよくあります。

□ **おすすめの利用法**

卵、鶏肉、白身魚、乳製品、酢などとの相性がよいため、オムレツやローストチキン、ムニエルなどに利用します。オイルやビネガーに漬け込むのもおすすめです。食欲増進が期待されます。

□ **エピソード**

フランス名は「エストラゴン」といい、「小さな竜」という意味です。一説には根が蛇に似ているからといわれています。

# ディル
Dill

| | |
|---|---|
| 学名 | *Anethum graveolens* |
| 和名 | 伊乃牟止（イノンド） |
| 科名 | セリ科 |
| 原産地 | 西南アジア、南ヨーロッパ |
| 使用部位 | 種子、葉 |
| 定植時期 | 3月中旬～4月中旬 |
| 特徴成分 | 精油（カルボン、リモネン） |
| 作用 | 神経を穏やかにする、消化機能活性化 |
| 適応 | 腹部の膨満感、不眠 |
| 禁忌 | 特に知られていません |

## 魚料理に合う、さわやかな香りのハーブ

古くからヨーロッパで愛されており、タイム同様、「魚のハーブ」として知られてきました。食用ハーブとしてはもっとも用途が広く、鮮やかな緑は料理を彩りよく見せるのに最適です。中近東ではサラダの素材としてもよく使われています。消化吸収のはたらきを助けるほか、母乳の分泌を促す作用もあります。種子の煎じ汁には神経を穏やかにする作用があるとされ、寝つきの悪い赤ちゃんや、腹痛の改善などに使われていました。

☐ **おすすめの利用法**
葉はスモークサーモンや魚のマリネになど魚料理のほか、ポテトサラダやスープなどにもよく合います。種子はパン、菓子などに利用します。また、葉と種子はどちらも、ピクルスの香りづけとして使用できます。

☐ **エピソード**
なだめる、和らげるなどの意味をもつ古代ノルウェー語の「ディラ」が語源となっています。

# ナツメグ
Nutmeg

| | |
|---|---|
| 学名 | *Myristica fragrans* |
| 和名 | 肉豆蔻（ニクズク） |
| 科名 | ニクズク科 |
| 原産地 | モルッカ諸島（インドネシア） |
| 使用部位 | 果実の種子核中の仁 |
| 定植時期 | — |
| 特徴成分 | 精油（α-ピネン、ミリスチシン、オイゲノール） |
| 作用 | 消化機能活性化、抗菌 |
| 適応 | 食欲不振、腹部の膨満感 |
| 禁忌 | 多量摂取 |

## スパイシーな甘い香りをもつ「世界4大スパイス」のひとつ

甘くスパイシーな香りで、肉のくさみをとって、食欲を上げるはたらきがあるため、ひき肉料理に多用されます。世界で広く使われていることから、ペッパー、クローブ、シナモンとともに「世界4大スパイス」と呼ばれることもあります。中国伝統医学では腹部の薬として処方されました。アーユルヴェーダでは小腸の吸収力を高めるのに最良とされ、バターミルクに入れて飲むと、消化促進や下痢止めになるといわれています。

□ **おすすめの利用法**
ひき肉料理のほか、乳製品を使った料理や焼き菓子との相性も抜群です。熱を加えることで刺激性のある香りが弱まり、甘さが強調されます。焼き菓子などに使う際は、焼く前のタイミングで加えるとよいでしょう。

□ **エピソード**
同じ果実の仮種皮（かしゅひ）の部分を乾燥させたものが「メース」というスパイスです。肉料理に使われます。

## バジル
Basil

| | |
|---|---|
| 学名 | *Ocimum basilicum* |
| 和名 | 目箒（メボウキ） |
| 科名 | シソ科 |
| 原産地 | インド、熱帯アジア |
| 使用部位 | 葉、種子 |
| 定植時期 | 5〜6月 |
| 特徴成分 | 精油（エストラゴール、リナロール、オイゲノール）、カロテノイド（$\beta$-カロテン）、ビタミン、ミネラル |
| 作用 | 消化機能活性化、抗酸化 |
| 適応 | 食欲不振、消化不良 |
| 禁忌 | 特に知られていません |

### アンチエイジング作用もある、イタリアンの定番

葉の形や色、香りなどが異なるさまざまな種類があり、その数は約150種にのぼります。単にバジルという場合は、スイートバジルを指すのが一般的です。すがすがしい風味でいろいろな料理に合いますが、特にトマトとの相性が抜群です。ジェノベーゼソースやマルゲリータピザをはじめ、イタリア料理などによく使われます。抗酸化作用の高い$\beta$-カロテンやビタミンEも含まれ、アンチエイジングとしても注目されています。

#### ☐ おすすめの利用法

料理だけでなく、集中力が落ちたときや脳が疲れたときに芳香浴で使うのもおすすめです。温かみのあるスパイシーな香りでリラックスできます。ティーにしても人気で、消化促進だけでなく、イライラをおさえるはたらきもあります。

#### ☐ エピソード

日本では種子を水にひたしてゼリー状にし、目の汚れを取る漢方として使われていたため、「メボウキ」とも呼ばれます。

# フェンネル
Fennel

| | |
|---|---|
| 学名 | *Foeniculum vulgare* |
| 和名 | 茴香（ウイキョウ）、小茴香（ショウウイキョウ） |
| 科名 | セリ科 |
| 原産地 | 地中海沿岸 |
| 使用部位 | 葉、花、果実 |
| 定植時期 | 3月下旬〜5月 |
| 特徴成分 | 精油（アネトール）、フラボノイド（クエルセチン、ケンフェロール） |
| 作用 | 消化機能活性化、腸内のガスを排出する、痰の排出を促す、母乳の出をよくする |
| 適応 | 腹部の膨満感、呼吸器系の不調、口臭 |
| 禁忌 | 特に知られていません |

## 葉も種子も甘い香りの「フィッシュハーブ」

最も古い栽培植物のひとつで、中世には魔よけや厄よけに使われてきました。多くのはたらきをもつ薬草として知られており、ダイエットへの活用も知られています。ディル同様に「魚のハーブ」と呼ばれることもあり、葉も種子も魚料理に広く使用されています。種子は健胃、消化不良などに有用で、漢方として処方されるほか、中国のミックススパイス「五香粉（ウーシャンフェン）」にも使われます。種子は消化促進や口臭予防のはたらきがあり、インド料理店でよく見かけます。

□ **おすすめの利用法**

魚料理のソースや生魚を使った料理に利用するほか、種子の甘くスパイシーな香りは焼き菓子にも合います。ティーは腸内にたまったガスを取り除いてくれます。

□ **エピソード**

株のまま売られている「フローレンスフェンネル」は、根元も野菜感覚でサラダや煮込み料理に使えます。

# ペッパー
Pepper

| | |
|---|---|
| 学名 | *Piper nigrum* |
| 和名 | 胡椒（コショウ） |
| 科名 | コショウ科 |
| 原産地 | インド |
| 使用部位 | 果実 |
| 定植時期 | — |
| 特徴成分 | 精油（α-ピネン、リモネン、β-カリオフィレン）、ピペリン |
| 作用 | 血行をよくする、筋肉の緊張を和らげる、消化機能活性化 |
| 適応 | 冷え症、筋肉痛、気力の低下 |
| 禁忌 | 特に知られていません |

## 世界中で愛される「スパイスの王様」

いわずと知れた「スパイスの王様」です。肉のくさみ消しなど古くから世界各地で多用されてきました。収穫時期と製法によって、ブラック（緑色の未熟な実を皮ごと乾燥させる）、ホワイト（赤く成熟した実を半発酵させ、外皮をむいて乾燥させる）、グリーン（緑色の未熟な実をフリーズドライか塩漬けなどで保存する）の3種があります。防腐・抗菌作用があり、消化不良、腹痛などにも有用です。

□ おすすめの利用法

食品や調理法に合わせて、ホールや粗びきなど、ペッパーの形態を決めるとよいでしょう。和風のだしやしょうゆともよく合うので、雑炊やお茶づけ、うどん、鍋物の薬味に利用します。

□ エピソード

「ピンクペッパー」はウルシ科コショウボクの果実を使ったものが一般的です。ペッパーと違って辛みはありません。

# ミント
## Mint

| | |
|---|---|
| 学名 | *Mentha spicata*（スペアミント）、*Mentha piperita*（ペパーミント） |
| 和名 | スペアミント：緑薄荷（ミドリハッカ）、オランダハッカ<br>ペパーミント：西洋薄荷（セイヨウハッカ） |
| 科名 | シソ科 |
| 原産地 | ヨーロッパ、アジア |
| 使用部位 | 葉 |
| 定植時期 | 4月〜6月中旬 |
| 特徴成分 | 精油（$l$-メントール）、フラボノイド（アピゲニン、ルテオリン）、ロスマリン酸 |
| 作用 | リフレッシュ、消化機能活性化、腸内のガスを排出する |
| 適応 | 眠気・集中力欠如などの精神神経症状、腹部の膨満感、食欲不振、過敏性腸症候群 |
| 禁忌 | 特に知られていません |

## 「さわやかさ」や「清涼感」の代名詞

ペパーミント（写真左）、スペアミント（写真右）、アップルミント、オーデコロンミントなど、さまざまな種類がありますが、共通しているのはスッとしたさわやかな香りです。生命力と繁殖力が強く、育てやすいハーブのひとつです。お菓子の香りづけや飾り、ドリンクのほか、肉・魚料理のくさみ消しに使われます。食用以外でも歯磨き粉、虫よけスプレー、洗剤などに幅広く使用します。

### □ おすすめの利用法

ティーやカクテルの香りづけとしては不可欠です。さわやかに仕上げたい料理のほか、デザートに使えば甘みが引き立ちます。製氷皿にミントの葉を入れて作った氷は、見た目もきれいでおすすめです。さらに、マウスウォッシュとしても利用できます。

### □ エピソード

ギリシャ神話に登場する美しい妖精「ミンテ」が名前の由来です。ペルセポネによって草に姿を変えられました。

# ラベンダー
Lavender

| | |
|---|---|
| 学名 | *Lavandula angustifolia*<br>*Lavandula officinalis* |
| 和名 | ― |
| 科名 | シソ科 |
| 原産地 | 地中海沿岸 |
| 使用部位 | 花、葉 |
| 定植時期 | 4月〜5月中旬 |
| 特徴成分 | 精油（酢酸リナリル、リナロール）、タンニン |
| 作用 | 神経を穏やかにする、筋肉の緊張を和らげる、抗菌 |
| 適応 | 不安、不眠 |
| 禁忌 | 特に知られていません |

## リラックス作用の高い、癒やしのハーブ

やさしい香りと可憐な姿で人気のハーブです。古代ギリシャの時代から怒りや執着を鎮め、心身を浄化するために使われてきました。現在でも、メディカルハーブとしてはもちろん、アロマセラピーでも多用されています。抗菌作用や消炎作用があり、皮膚への刺激が少ないため、スキンケアなど美容にも役立ちます。ティーはストレスや緊張を和らげるので、月経不順や片頭痛にもおすすめです。

### □ おすすめの利用法
ドライにした花も、ティーのアクセントや香りづけとして人気です。ティーにも抗菌作用があるので、ローションやリンスとしても使用できます。食用以外では、ポプリやサシェ、ハーバルバスやアイピローにしてもよいでしょう。

### □ エピソード
古代ローマでは、洗濯や入浴のときにお湯や水にラベンダーを入れることが好まれていました。

# レモングラス
Lemon grass

| | |
|---|---|
| 学名 | *Cymbopogon citratus* |
| 和名 | 檸檬萱（レモンガヤ） |
| 科名 | イネ科 |
| 原産地 | 熱帯アジア |
| 使用部位 | 葉、茎 |
| 定植時期 | 5月〜6月中旬 |
| 特徴成分 | 精油（シトラール）、フラボノイド |
| 作用 | 消化機能活性化、腸内のガスを排出する、防虫 |
| 適応 | 食欲不振、消化不良 |
| 禁忌 | 特に知られていません |

## さわやかなレモンの香りで料理やティーに活躍

タイの代表的な料理である「トムヤムクン」に欠かせない存在として有名です。熱帯アジアやアフリカ、ラテンアメリカではメディカルハーブとしても知られ、胃腸の不調や感染症の予防、炎症の緩和に使われています。葉に傷をつけることでさわやかなレモンの香りを漂わせるため、刻んだり手でもんだりして香りを出してから使用しましょう。葉だけでなく、繊維質のかたい茎も刻んだり叩きつぶしたりしてスープや炒め物の香りづけにします。

☐ **おすすめの利用法**

精油は虫よけによく使われ、特に蚊に対して強い力を発揮します。スプレー剤にすれば、子どもにも安心して使えますが、皮膚への刺激に注意しましょう。ティーもおすすめです。

☐ **エピソード**

リフレッシュや集中力が必要な車の運転時にも向いているため、「ドライバーの精油」とも呼ばれています。

# ローズマリー
Rosemary

| | |
|---|---|
| 学名 | *Rosmarinus offcinalis* |
| 和名 | 万年郎（マンネンロウ） |
| 科名 | シソ科 |
| 原産地 | 地中海沿岸 |
| 使用部位 | 葉 |
| 定植時期 | 3月〜5月中旬、もしくは9月中旬〜11月 |
| 特徴成分 | 精油（1,8-シネオール、カンファー）、ロスマリン酸 |
| 作用 | 抗酸化、消化機能活性化、血行を促進する |
| 適応 | 食欲不振、消化不良、循環不良 |
| 禁忌 | 特に知られていません |

## すっきりする独特の香りで幅広く活用される

抗酸化作用に優れ、血液循環をよくして身体機能を活発にするため、古くから「若返りのハーブ」「記憶力を増強するハーブ」として有名です。すっきりした強い香りは肉料理のにおい消しや、逆に魚や野菜など淡泊な素材の風味づけに用いられます。香りが強いので使用量に注意し、苦みが出ないように途中で取り出すのがポイントです。ティーは代謝をあげ、脳のはたらきを活性化させるため、過労気味のときや試験勉強の前に飲むとよいでしょう。

### □ おすすめの利用法

抗酸化作用があるため、手作り化粧品にも用いられます。アンチエイジングとして、期待されます。白ワインにローズマリーを入れて5日間ほど漬け込んだローズマリーワインには、強壮作用があります。

### □ エピソード

香りは集中力アップにも力を発揮します。古代ローマでは頭脳明晰になるとされ、ローズマリーを身につけて勉強したそうです。

# ローレル
## Laurel

| | |
|---|---|
| 学名 | *Laurus nobilis* |
| 和名 | 月桂樹（ゲッケイジュ） |
| 科名 | クスノキ科 |
| 原産地 | 地中海沿岸 |
| 使用部位 | 葉 |
| 定植時期 | 3月〜4月中旬、もしくは8月中旬〜9月 |
| 特徴成分 | 精油（シネオール、オイゲノール、リナロール） |
| 作用 | 腸内のガスを排出する、抗菌、消化機能活性化 |
| 適応 | 消化不良、食欲増進 |
| 禁忌 | 特に知られていません |

## 長く香りが続く「勝者のシンボル」

葉を1枚加えるだけで料理にコク、甘み、深みが増し、香りが持続するのが特徴で、食欲増進作用も期待できます。葉を乾燥させると苦みが減って香りが増します。ちぎって切れ目を入れたり、軽くもんだりしてから使うと、香りがより出やすくなります。ただし苦みが強まるので、煮込み料理は1時間ほどで取り出しましょう。パウダータイプは素材の下味やレバーペースト、ひき肉料理のくさみ消しに利用します。防腐作用もあり、マリネやピクルス、ソースなどにも使用されます。

### □ おすすめの利用法
葉はドライでもフレッシュでも利用できます。料理の風味づけだけでなく、ハーブオイルやビネガーにも適しています。ドライの葉を使ったティーは胃腸をととのえるはたらきがあり、お風呂に入れると疲労回復によいとされています。

### □ エピソード
古代オリンピックの時代から勝者の頭にかぶせられてきた、栄光のシンボルです。今でも優勝旗や杯のデザインに使われています。

## アニス
Anise

| 学名 | *Pimpinella anisum* |
|---|---|
| 和名 | 茴芹（ウイキン） |
| 科名 | セリ科 |
| 原産地 | 東地中海沿岸、中近東 |
| 使用部位 | 果実 |
| 定植時期 | 5月 |
| 特徴成分 | 精油（アネトール、リモネン） |
| 作用 | 消化機能活性化、痰の排出を促す、腸内のガスを排出する、口腔洗浄 |
| 適応 | 腹部の膨満感、呼吸器系の不調、口臭 |
| 禁忌 | 特に知られていません |

### 甘い香りはリキュールに多用

甘い香りは熱を加えても飛ばず、アルコールにも溶けやすいので、リキュールの香りづけや焼き菓子、ソースなどに多用されます。地中海沿岸諸国ではアニスを使ったリキュールが多く存在します。小児薬の香りづけにも使用されます。

☐ おすすめの利用法
　香りづけのほかティーにしたり、葉はサラダに使用します。

☐ エピソード
　エジプトではミイラの防腐剤に使用されたこともあります。

## イタリアンパセリ
Italian parsley

| 学名 | *Petroselinum neapolitanum* |
|---|---|
| 和名 | オランダセリ |
| 科名 | セリ科 |
| 原産地 | 地中海沿岸 |
| 使用部位 | 葉 |
| 定植時期 | 5月、もしくは10月中旬〜11月 |
| 特徴成分 | 精油（アピオール、ミリスチシン）、ミネラル（カリウム、カルシウム、鉄）、ビタミンC |
| 作用 | 抗菌、消化機能活性化、尿の出をよくする |
| 適応 | 消化促進、口臭、貧血 |
| 禁忌 | 特に知られていません |

### 料理に不可欠な色鮮やかさと香り

ビタミンやミネラルが含まれ、栄養価が高いのが特徴です。葉が縮れた「モスカールドパセリ」などとは若干異なり、葉が平らで、香りや味にクセがありません。消化作用や食欲増進作用などがあります。

☐ おすすめの利用法
　魚料理や肉料理、サラダ、パセリライスなどに利用します。

☐ エピソード
　江戸時代の本草学者、貝原益軒が著した『大和本草』に記載があります。

## カイエンペッパー
Cayenne pepper

| | |
|---|---|
| 学名 | *Capsicum annuum* |
| 和名 | 唐辛子（トウガラシ） |
| 科名 | ナス科 |
| 原産地 | 南アメリカ |
| 使用部位 | 成熟果実 |
| 定植時期 | 5月上旬～中旬（気温が十分高くなってから） |
| 特徴成分 | カプサイシン、カロテノイド（カプサンチン、β-カロテン）、ビタミンC |
| 作用 | 消化機能活性化、発汗、脂肪燃焼 |
| 適応 | 食欲増進、筋肉痛、神経痛 |
| 禁忌 | 皮膚、粘膜の刺激 |

### 世界中で辛みづけに使われる

3000種ともいわれるほど、さまざまな種類があり、料理の辛みづけや肉のくさみ消しに使用します。辛みのもととなる成分「カプサイシン」は食欲増進や消化不良にはたらくほか、末梢血管を拡張させ、新陳代謝アップにもなります。

□ おすすめの利用法
　味にメリハリがつくので、料理の塩分減に利用するとよいでしょう。

□ エピソード
　古くは、高価なペッパーの代用として普及しました。

## キャラウェイ
Caraway

| | |
|---|---|
| 学名 | *Carum carvi* |
| 和名 | 姫茴香（ヒメウイキョウ） |
| 科名 | セリ科 |
| 原産地 | 西アジア |
| 使用部位 | 果実 |
| 定植時期 | 4月中旬～5月 |
| 特徴成分 | 精油（カルボン、リモネン） |
| 作用 | 抗菌、消化機能活性化、腸内のガスを排出する、口腔清浄 |
| 適応 | 胃腸障害、呼吸器系の不調、口臭、腹部の膨満感 |
| 禁忌 | 特に知られていません |

### 料理や薬に利用される

北・中・東ヨーロッパや北アフリカで特に人気です。肉、野菜、果物、チーズなどを使ったさまざまな料理のほか、胃腸薬や風邪薬に用います。芳香はソーセージなどの味つけのほか、香水や化粧品、うがい薬にも利用されます。

□ おすすめの利用法
　焼くと香ばしい香りになり、パンや焼き菓子にも用いられます。

□ エピソード
　ドイツのザワークラウトには必ずキャラウェイが使用されます。

# クミン
Cumin

| | |
|---|---|
| 学名 | *Cuminum cyminum* |
| 和名 | 馬芹（ウマゼリ、バキン） |
| 科名 | セリ科 |
| 原産地 | エジプト |
| 使用部位 | 果実 |
| 定植時期 | 5～6月 |
| 特徴成分 | 精油（クミンアルデヒド、α-ピネン、リモネン） |
| 作用 | 腸内のガスを排出する、鎮痛 |
| 適応 | 腹部の膨満感、消化不良 |
| 禁忌 | 特に知られていません |

## エスニックな風味のもと

カレー粉の主原料であり、カレー独特の香りはクミンによるものです。インド料理のスタータースパイスとして欠かせない存在です。深煎りして使うと香ばしさがアップします。アーユルヴェーダでは消化不良などによいとされます。

### □ おすすめの利用法
カレーはもちろん、クスクスやチリコンカンなどにも用います。

### □ エピソード
最も古くから栽培されており、エジプトの『医学・薬学全書』に記載があります。

# ケイパー
Caper

| | |
|---|---|
| 学名 | *Capparis spinosa* |
| 和名 | 風鳥木（フウチョウボク） |
| 科名 | フウチョウボク科（フウチョウソウ科）＊ |
| 原産地 | ヨーロッパ南部 |
| 使用部位 | 蕾 |
| 定植時期 | 4月 |
| 特徴成分 | カプリン酸 |
| 作用 | 解熱、消化機能活性化 |
| 適応 | 消化不良 |
| 禁忌 | 特に知られていません |

## スモークサーモンの薬味はコレ

南ヨーロッパで多用されるスパイスです。乾燥すると芳香が弱まるので、収穫したつぼみをすぐに酢、塩、油などに漬けて利用します。特に酢漬けのものは、スモークサーモンの薬味やタルタルソースへの使用でおなじみです。

### □ おすすめの利用法
肉・魚料理のほか、ソースなどに利用します。

### □ エピソード
酢漬けのケイパーには、2000年以上の歴史があります。

＊科名の（ ）内に記載されているものは、旧来の分類体系による科名です（p.73参照）。

## スイートマジョラム
Sweet marjoram

| | |
|---|---|
| 学名 | *Origanum majorana* |
| 和名 | 茉苿刺那（マヨラナ） |
| 科名 | シソ科 |
| 原産地 | 地中海東部沿岸 |
| 使用部位 | 種子、花、茎、葉 |
| 定植時期 | 4月中旬～5月、もしくは10月中旬～下旬 |
| 特徴成分 | 精油（テルピネン-4-オール、テルピネン）、フラボノイド |
| 作用 | リラックス、腸内のガスを排出する、消化機能活性化 |
| 適応 | 胃腸の軽い不調 |
| 禁忌 | 特に知られていません |

### トマト料理の香りづけに
ヨーロッパ各地で広く使われており、野菜や豆類と相性がよく、煮込み料理に多用されます。オレガノと似ていますが、より甘く繊細な香りです。オレガノ、タイムなどと混ぜ合わせると香りが調和します。

□ **おすすめの利用法**
卵、鶏肉など淡白な素材を上品に仕上げます。

□ **エピソード**
女神ヴィーナスが作ったといわれ、幸福のシンボルとされてきました。

## チャービル
Chervil

| | |
|---|---|
| 学名 | *Anthriscus cerefolium* |
| 和名 | 茴香芹（ウイキョウゼリ） |
| 科名 | セリ科 |
| 原産地 | ヨーロッパ、西アジア |
| 使用部位 | 葉 |
| 定植時期 | 5月 |
| 特徴成分 | 精油（エストラゴール、アネトール）、カロテン、ビタミン（B群、C）、ミネラル（鉄、マグネシウム） |
| 作用 | 免疫力強化、消化機能活性化 |
| 適応 | 消化不良、風邪の予防 |
| 禁忌 | 特に知られていません |

### デザートの飾りにも使われる
フランスでは「美食家のパセリ」と呼ばれ、肉・魚・卵料理などと相性抜群です。パセリをマイルドにしたような甘い香りをもちます。熱を加えすぎると香りがとんでしまうので、生のまま用いるか、料理の仕上げ段階で使います。

□ **おすすめの利用法**
葉はデザートの飾りにも使われます。花は押し花にしてもよいでしょう。

□ **エピソード**
ミックススパイス「フィーヌゼルブ」の材料に不可欠です。

# チャイブ
Chives

| | |
|---|---|
| 学名 | *Allium schoenoprasum* |
| 和名 | 西洋浅葱（セイヨウアサツキ） |
| 科名 | ネギ科（ユリ科）＊ |
| 原産地 | 中央アジア、温帯地域 |
| 使用部位 | 花、葉、茎 |
| 定植時期 | 4月中旬〜5月中旬、もしくは10月中旬〜11月中旬 |
| 特徴成分 | β-カロテン、ビタミンC、含硫化合物 |
| 作用 | 消化機能活性化、疲労回復 |
| 適応 | 肉体疲労 |
| 禁忌 | 特に知られていません |

## マイルドな香りのアサツキの仲間

すらっと伸びた葉と、繊細な香りが特徴です。小口切りにしてオムレツやスープに入れるなど、日本のアサツキに似た使い方をします。淡白な料理に合わせると、見た目も引き立ってきれいです。香りが繊細なので加熱しすぎに注意しましょう。

☐ **おすすめの利用法**
　花は鮮やかでネギの風味があるため、料理のトッピングに利用します。

☐ **エピソード**
　「ガーリックチャイブ」はニラのことです。

＊科名の（ ）内に記載されているものは、旧来の分類体系による科名です（p.73参照）。

# バニラ
Vanilla

| | |
|---|---|
| 学名 | *Vanilla planifolia* |
| 和名 | — |
| 科名 | ラン科 |
| 原産地 | 中央アメリカ |
| 使用部位 | 果実（さや） |
| 定植時期 | — |
| 特徴成分 | 精油（バニリン） |
| 作用 | 強壮、甘みを強め苦みを弱める |
| 適応 | 砂糖使用のコントロール |
| 禁忌 | 特に知られていません |

## デザートに欠かせない甘い香り

アイスクリームをはじめとするデザート菓子やクリーム、シロップなどの風味づけのため、世界中で広く使われています。さやの中に砂状の細かい種子がびっしり詰まっており、それをかき出して利用します。

☐ **おすすめの利用法**
　さやを砂糖壺に入れると、香りが長もちします。

☐ **エピソード**
　香りの主成分「バニリン」は、収穫後にさやの中で熟成させることで生じます。

# フェネグリーク
Fenugreek

| | |
|---|---|
| 学名 | *Trigonella foenum-graecum* |
| 和名 | 胡盧巴（コロハ） |
| 科名 | マメ科 |
| 原産地 | 中近東、アフリカ、インド |
| 使用部位 | 種子、葉 |
| 定植時期 | 5月～6月中旬 |
| 特徴成分 | フィトステロール、粘液質、アルカロイド、サポニン |
| 作用 | 消化機能活性化、腸内のガスを排出する、母乳の出をよくする |
| 適応 | 滋養強壮、腹部の膨満感 |
| 禁忌 | 妊娠中の多量摂取 |

## 古代から料理や薬用として人気

ほかのスパイスと混ぜてカレー粉にしたり、種子をくだいて練り、軟膏や湿布剤として使われてきました。じっくり火を通すと苦みが弱まり、甘みが増します。近年、血糖値やコレステロール値を下げることが報告されています。

□ **おすすめの利用法**
特にほうれん草カレーに合い、味に深みが出ます。

□ **エピソード**
ベジタリアンなど肉類をとらない人々にとって貴重な栄養源になっています。

# マスタード
Mustard

| | |
|---|---|
| 学名 | *Brassica juncea*（ブラックマスタード）、*Sinapis alba*（ホワイトマスタード） |
| 和名 | 芥子、辛子（カラシ） |
| 科名 | アブラナ科 |
| 原産地 | 地中海沿岸、インド、中国、ヨーロッパ、中近東 |
| 使用部位 | 種子 |
| 定植時期 | 8月中旬～9月中旬、もしくは10月中旬に種まき |
| 特徴成分 | イソチオシアネート類 |
| 作用 | 抗菌、防腐、消化機能活性化 |
| 適応 | 食欲増進 |
| 禁忌 | 特に知られていません |

## 独特の風味と辛味がクセになる

イエロー、オリエンタル、ブラウン、ブラックの4種類があり、それぞれ見た目や風味、成分が異なります。どの品種も辛みのもととなる成分が水で分解されることで、辛み成分（揮発性が高い）を発生させます。

□ **おすすめの利用法**
ソーセージ、ポトフ、マリネなどに用います。

□ **エピソード**
中世ヨーロッパでは庶民が使える唯一のスパイスでした。

# ルッコラ
Rocket

| | |
|---|---|
| 学名 | *Eruca vesicaria* |
| 和名 | 黄花蘿蔔（キバナスズシロ） |
| 科名 | アブラナ科 |
| 原産地 | 地中海沿岸、西アジア |
| 使用部位 | 葉 |
| 定植時期 | 4月〜7月中旬、もしくは9〜10月に種まき |
| 特徴成分 | イソチオシアネート類、ビタミン |
| 作用 | 消化機能活性化、抗菌、抗酸化、解毒 |
| 適応 | 肉体疲労、美肌 |
| 禁忌 | 特に知られていません |

## イタリアンの定番ハーブ

噛むとゴマに似た香りがし、わずかに辛味もあります。イタリア料理で多用され、生ハムやチーズ、トマトとの組み合わせが定番です。オリーブオイルやナッツ類とペースト状にすれば、魚や肉のソースとしても利用できます。強力な抗菌作用と解毒作用をもち、毒素を体外に早く排出させます。

□ **おすすめの利用法**
サラダが一般的ですが、おひたしや味噌汁の具としての利用もおすすめです。

□ **エピソード**
花部分はエディブルフラワーとしてサラダに。

---

## Column

# 世界のミックススパイス 1

複数のハーブ・スパイスをミックスして作るのがミックススパイスです。それぞれの地域や国の食文化に根づいたハーブ・スパイスが配合されており、さまざまな種類があります。地域ごとに、使われるハーブ・スパイスに特徴があり、インドから中近東などではカイエンペッパー、クミン、コリアンダーなど、ヨーロッパではクローブやシナモン、ナツメグ、ハーブなどが多く使われています。

● **主なミックススパイス**

**エルブドプロバンス**
フランス南部・プロバンス地方で採れるハーブを配合したものです。決まったブレンドはなく、ローズマリーやオレガノ、タイム、セージなどをよく使います。ドライハーブを使うのが一般的ですが、フレッシュなものを使うこともあります。肉や魚を使った煮込み料理やローストなど、じっくり火を通す料理に利用します。

**チリパウダー**
アメリカでメキシコ料理によく使われる、カイエンペッパーをベースにしたミックススパイスです。オレガノ、ガーリック、クミン、パプリカなどを配合した洋風の七味唐辛子です。タコスやチリコンカンなどに使われますが、炒め物や煮込み料理などに使ってもよいでしょう。「チリペッパー」と混同しがちですが、こちらはカイエンペッパーの別名です。「チリ」という言葉は、スペイン語で辛いという意味であり、南米のチリ共和国とは関係ありません。

## クチナシ
Gardenia

| | |
|---|---|
| 学名 | *Gardenia jasminoides* |
| 和名 | 梔子（クチナシ）、山梔子（サンシシ） |
| 科名 | アカネ科 |
| 原産地 | 中国、日本、台湾 |
| 使用部位 | 果実、花、茎、葉 |
| 定植時期 | 4〜5月、もしくは9〜10月 |
| 特徴成分 | イリドイド配糖体（ゲニポシド）、カロテノイド（クロシン）、精油（リナロール、酢酸リナリルなど） |
| 作用 | 炎症をおさえる、神経を穏やかにする、消化機能活性化 |
| 適応 | 打撲、切り傷、肝臓の不調 |
| 禁忌 | 特に知られていません |

### 果実は栗きんとんの黄色の色づけに

初夏の頃、甘く芳しい香りを漂わせるクチナシの白い花は、香水の原料として使われています。果実には「クロシン」という黄色い色素の成分が含まれ、昔から、きんとんやたくあんをはじめ、さまざまな料理の色づけに利用されてきました。また、繊維などの染料としても、広く用いられています。陰干しした果実は「山梔子（サンシシ）」と呼ばれ、生薬として解熱、鎮静、消炎、利胆などに処方される漢方薬の原料にも使われます。

□ **おすすめの利用法**

果実を割って熱湯で煎じた黄色い液などを料理の着色料として用います。たくあんやさつまいも、栗、スイーツなどの色づけにも使用されます。大分県臼杵市の「黄飯」は、クチナシを使った和製パエリア風の郷土料理です。

□ **エピソード**

果実は熟しても裂けないので、「口が開かない」「口がない」ことから、この名がついたともいわれています。

# ゲットウ
Shell ginger

| | |
|---|---|
| 学名 | *Alpinia speciosa* |
| 和名 | 月桃（ゲットウ）、サンニン |
| 科名 | ショウガ科 |
| 原産地 | 東南アジア、インド南部 |
| 使用部位 | 葉、花、果実、種子、根茎 |
| 定植時期 | 4月下旬～5月 |
| 特徴成分 | 精油（パラシメン、α-ピネン、1,8-シネオールなど）、ポリフェノール |
| 作用 | 抗菌、防腐、神経を穏やかにする、肌を引き締める |
| 適応 | 心身の不調、虫刺され、不安 |
| 禁忌 | 特に知られていません |

## 沖縄の生活に密着した ハーブとして広く浸透

「サンニン」の名で親しまれている沖縄では、この葉に包んだ伝統的な餅菓子「鬼餅（ムーチー）」が知られています。抗菌・防腐作用に優れているため、台湾などでも、葉が食べ物を包むのに使われます。抗不安の作用があり、更年期の精神症状改善のためにアロマセラピーでも用いられます。精油は香料や化粧品、消臭剤などの原料としても広く利用されています。毒虫に刺されたときに、根茎を切り、火であぶってすりつけることもあります。

☐ **おすすめの利用法**

葉で肉や魚を包んで蒸し焼きにします。生くさみを消すと同時に、防腐も期待できます。ティーには抗酸化作用で知られるポリフェノールが豊富で、スキンケアにも用います。健胃作用もあり、食後の一服にもおすすめです。

☐ **エピソード**

ゲットウが自生する沖縄では、5月から7月にかけて、あちらこちらで美しい白と黄色の花が見られます。

# サンショウ
Japanese pepper

| | |
|---|---|
| 学名 | *Zanthoxylum piperitum* |
| 和名 | 山椒（サンショウ） |
| 科名 | ミカン科 |
| 原産地 | 東アジア |
| 使用部位 | 果実、果皮、葉、茎 |
| 定植時期 | 12〜3月 |
| 特徴成分 | サンショオール、精油（リモネン、ゲラニオール、シトロネラール）、フラボノイド（クエルシトリン） |
| 作用 | 消化機能活性化、尿の出をよくする、抗菌 |
| 適応 | 食欲不振、消化不良、むくみ |
| 禁忌 | 特に知られていません |

## 小粒でピリリと辛い、さわやかな食欲増進剤

ウナギのかば焼きの薬味に欠かせないサンショウは、乾燥した果皮を粉末にしたものです。さわやかな香りと辛みが、こってりした料理の口当たりをよくします。この辛みのもと「サンショオール」には、消化器系のはたらきを活発にするとともに、解毒や抗菌などの作用もあります。粉山椒は七味唐辛子の原料としても欠かせません。若葉「木の芽」は、吸い物や焼き物など日本料理に香りと彩りを添えます。未熟果は「実山椒」として佃煮などに使われます。

☐ **おすすめの利用法**

ウナギなど脂っこい食材だけでなく、しょうゆやみそなどとも相性抜群です。汁物、照り焼き、みそ煮をはじめ、幅広い料理に使われます。木の芽、実山椒は料理の添えものとしても用いられます。

☐ **エピソード**

「椒」の字には「芳しい」という意味があり、山にあって香りの高い実をつけることから、この名がついたといわれています。

# シソ
Shiso

| | |
|---|---|
| 学名 | *Perilla frutescens* |
| 和名 | 紫蘇（シソ）、青紫蘇（アオジソ）、赤紫蘇（アカジソ） |
| 科名 | シソ科 |
| 原産地 | 中国 |
| 使用部位 | 葉、茎、花、種子 |
| 定植時期 | 4月中旬〜6月 |
| 特徴成分 | 精油（ペリラアルデヒド）、α-リノレン酸、ミネラル（鉄、カルシウム、亜鉛） |
| 作用 | 発汗、消化機能活性化、解毒、抗菌、防腐 |
| 適応 | 風邪のひき始め、食欲不振、暑気あたり |
| 禁忌 | 特に知られていません |

## 料理にプラスして食欲増進、風邪対策にも

料理の薬味などに欠かせないシソは、代表的な日本のハーブのひとつです。茎葉が緑色の青ジソは主に薬味や刺身のツマ、食材として、紫色の赤ジソは梅干しの色づけや薬草としても広く使われています。食欲増進に加え、解毒、防腐などのはたらきがあるため、料理に添えるというのは非常に理にかなった利用法といえます。発汗や解熱などのはたらきもあるので、風邪のひき始めなどにとるのもよいでしょう。

### ☐ おすすめの利用法

麺や刺身、冷奴などの薬味にしたり、そのまま揚げて天ぷらにしても美味です。乾燥した葉や果実を煎じたティーは、風邪のひき始めやリラックスしたいときに飲みます。花穂も刺身など料理のあしらいに使われます。

### ☐ エピソード

もともと赤ジソを「紫蘇（しそ）」と呼んでいました。「蘇」には「香りが食を進め元気を蘇らせる」という意味があります。

## スギナ
Field horsetail

| | |
|---|---|
| 学名 | *Equisetum arvense* |
| 和名 | 杉菜（スギナ） |
| 科名 | トクサ科 |
| 原産地 | 西地中海沿岸 |
| 使用部位 | 葉茎 |
| 定植時期 | 2〜3月 |
| 特徴成分 | フラボノイド（クエルセテン）、アルカロイド（パルストリン）、ミネラル（ケイ素、カリウム） |
| 作用 | 尿の出をよくする、肌を引き締める、炎症をおさえる |
| 適応 | むくみ、外傷などの出血、泌尿器系の不調 |
| 禁忌 | 心臓や腎臓の機能不全の人 |

### 勢いよく茂るパワーもいっしょにいただいて

春先、ツクシが地面に顔を出したあと、その脇から芽を出し、緑色で細かく枝分かれしながら勢いよく成長するのがスギナです。ツクシはスギナの胞子茎、スギナは葉の役割をもつ栄養茎にあたります。繁殖力が強く、パワフルなスギナは作用も豊富です。昔から利尿剤として利用され、膀胱炎など泌尿器系のトラブルなどによく用いられます。

☐ **おすすめの利用法**

スギナに含まれる「ケイ素」には、骨や軟骨の成長やコラーゲンなど結合組織を強化するはたらきがあり、歯や髪、爪を丈夫にしてツヤを出してくれます。ティーとしてとり入れるのが手軽です。

☐ **エピソード**

17世紀には、英国のハーバリストをはじめ、ドイツの自然療法やアーユルヴェーダなどでも珍重されてきました。

# ドクダミ
Dokudami

| | |
|---|---|
| 学名 | *Houttuynia cordata* |
| 和名 | 毒溜（ドクダミ）、十薬（ジュウヤク） |
| 科名 | ドクダミ科 |
| 原産地 | 東アジア |
| 使用部位 | 葉、茎 |
| 定植時期 | 3月中旬～5月 |
| 特徴成分 | フラボノイド配糖体（クエルシトリン、ルチン）、精油（デカノイルアセトアルデヒド）、カリウム |
| 作用 | 炎症をおさえる、抗菌、便通を促す、尿の出をよくする |
| 適応 | 便秘、むくみ、ニキビ、吹き出もの |
| 禁忌 | 特に知られていません |

## お茶でおなじみの身近な薬草

日陰の湿地などに、地をはうように伸びて繁茂するドクダミは、6～7月頃に白い花を咲かせます。その名前と、葉から漂う独特の香りからか、強力な抗酸化作用をもつハーブとして、昔から珍重されています。特に、便秘やむくみの改善、抗菌や解毒をはじめ約10種のはたらきがあることから「十薬（じゅうやく）」の別名もあります。健康茶としても人気があり、高血圧や動脈硬化の予防などに飲用する人も多いようです。

### □ おすすめの利用法

全草を乾燥させたものを利用します。ハトムギとブレンドしてティーにするのもよいでしょう。春先のやわらかな葉は、天ぷらにするなど山菜料理にも使用されます。ベトナムでは、ハーブとして生春巻きやサラダにも使われます。

### □ エピソード

ドクダミの名は、毒をおさえるという意味の「毒矯（た）み」から来ているとも、毒がある「毒溜め」からともいわれています。

# ハトムギ
Adlay

| | |
|---|---|
| 学名 | *Coix lacryma-jobi* |
| 和名 | 鳩麦（ハトムギ）、薏苡仁（ヨクイニン） |
| 科名 | イネ科 |
| 原産地 | 東南アジア |
| 使用部位 | 種子 |
| 定植時期 | 4〜5月に種まき |
| 特徴成分 | 多糖類、ビタミン（B$_1$、B$_2$、E）、ミネラル（カルシウム、カリウム、鉄） |
| 作用 | 尿の出をよくする、強壮、炎症をおさえる、鎮痛、膿を排出しやすくする |
| 適応 | 肌荒れ、イボ、むくみ、リウマチ |
| 禁忌 | 特に知られていません |

## 美肌やむくみとりなど女性にうれしいはたらき

昔からイボの特効薬としてよく知られており、江戸時代には白粉（おしろい）の原料にもされていました。古代中国ではハチミツと合わせて美顔剤が作られました。豊富に含まれるビタミン類やアミノ酸が、肌の調子をととのえます。ティーにすると体の余分な水分を排出し、むくみを改善します。体の内外から美しくしてくれる、女性の味方といえるでしょう。「薏苡仁（よくいにん）」という生薬として、関節炎やリウマチなどに処方されます。

### □ おすすめの利用法
香ばしく炒ったものを、ティーにして飲むのが手軽です。たっぷり作って、麦茶のように利用するとよいでしょう。ドクダミやクコなどとブレンドするのもおすすめです。お粥にしてもOKです。

### □ エピソード
夏に花穂を出し、秋には球形の実をつけます。これをハトが好んで食べることから、この名がついたそうです。

# ヨモギ
Japanese Mugwort

| | |
|---|---|
| 学名 | *Artemisia indica* |
| 和名 | 蓬（ヨモギ）、餅草（モチグサ） |
| 科名 | キク科 |
| 原産地 | 日本 |
| 使用部位 | 葉 |
| 定植時期 | 4月、もしくは9月 |
| 特徴成分 | 精油（1,8-シネオール、ツヨン）、ビタミン（C、E）、ミネラル（カリウム、カルシウム、鉄）、苦味質（アブシンチン） |
| 作用 | 肌を引き締める、鎮痛、血行を促進する、抗菌 |
| 適応 | 生理痛、外傷などの出血、冷え症、湿疹、ニキビ |
| 禁忌 | 特に知られていません |

## 身近な日本のハーブは、女性のトラブルを解消

ヨモギの緑の葉を混ぜ込んだ草餅は、さわやかな季節の香りたっぷりの和菓子です。北海道から沖縄まで、全国に自生するヨモギは、昔から料理の素材やお灸に使われるモグサの原料として使われるなど、日本人の暮らしのなかで親しまれています。漢方では止血や冷えの改善などのはたらきがあるとされ、アーユルヴェーダでは、月経不順や頭痛の改善に使用されています。海外にも広く分布し、その浄化作用から、邪気を払うハーブとして利用されたこともあります。

### □ おすすめの利用法

そのまま揚げて天ぷらにしたり、若葉をゆでてすりつぶし、草餅、草団子などにしたりするのもよいでしょう。乾燥させたヨモギをガーゼなどでくるんで湯に入れたハーバルバスは、美肌や冷えの解消になります。足湯にするのもよいでしょう。

### □ エピソード

沖縄で「フーチバー」と呼ばれるヨモギは、香りがマイルドな「ニシヨモギ」です。肉のくさみ消しなどに使われます。

# 和ハッカ
Japanese peppermint

| | |
|---|---|
| 学名 | *Mentha canadensis (M.arvensis)* |
| 和名 | 薄荷（ハッカ）、目草（メグサ） |
| 科名 | シソ科 |
| 原産地 | 日本 |
| 使用部位 | 葉、茎 |
| 定植時期 | 9月中旬～10月初旬 |
| 特徴成分 | 精油（ℓ-メントール、メントン） |
| 作用 | 消化機能活性化、鎮痛、炎症をおさえる、発汗、解熱 |
| 適応 | 食欲不振、消化不良、吐き気、頭痛、歯痛、風邪 |
| 禁忌 | 特に知られていません |

## さわやかな香りで、不調も暑さもすっきり

ペパーミント（西洋ハッカ）とは異なり、和ハッカのほうが葉が細長く、香りも強いのが特徴です。古くから、香料として食品などに使われています。精油成分「ℓ-メントール」には、冷たさを感じる受容体を刺激したり、気化熱を奪ったりするはたらきがあります。精油のほか、ℓ-メントールを結晶させた「ハッカ脳」が生産され、薬品や菓子などに利用されています。漢方として、風邪による発熱や頭痛などの改善に用います。

☐ **おすすめの利用法**
乾燥させた葉を刻んで熱湯を注いでティーにして飲みます。食欲増進のため食前に、二日酔いや胃もたれのときには食後に飲むのもよいでしょう。抗菌作用があるため、風邪予防にもおすすめです。

☐ **エピソード**
目の縁などに葉を貼って刺激したことから「メザメグサ」「メハリグサ」などの別名もあります。

# アシタバ
Ashitaba

| 学名 | *Angelica keiskei* |
|---|---|
| 和名 | 明日葉（アシタバ）、八丈草（ハチジョウソウ）、明日草（アシタグサ） |
| 科名 | セリ科 |
| 原産地 | 関東の太平洋沿岸、伊豆七島 |
| 使用部位 | 葉、茎 |
| 定植時期 | 5〜6月 |
| 特徴成分 | フラボノイド（カルコン）、ミネラル（カルシウム、鉄）、ビタミン（B群、C、E） |
| 作用 | 尿の出をよくする、強壮 |
| 適応 | むくみ、便秘、高血圧の予防 |
| 禁忌 | 特に知られていません |

## 日本原産のハーブは不老長寿の特効薬

生命力が強く、「葉を摘んでも明日には芽が出る」といわれるのが名前の由来です。豊富なビタミンやミネラルに加え、抗酸化作用のあるカルコンなども含まれ、生活習慣病の予防などが期待できます。

☐ おすすめの利用法

　天ぷらやスムージーにします。乾燥葉を煎じて、ティーにしてもよいでしょう。

☐ エピソード

　八丈島では昔から貴重な野菜で、「八丈草」の別名もあります。

# エゴマ
Perilla

| 学名 | *Perilla frutescens* |
|---|---|
| 和名 | 荏胡麻（エゴマ）、柔荏（ジュウネン）、エグサ、アブラエ、アブラツブ |
| 科名 | シソ科 |
| 原産地 | 東南アジア |
| 使用部位 | 種子、葉 |
| 定植時期 | 4月中旬〜6月 |
| 特徴成分 | α-リノレン酸、フラボノイド（ルテオリン、アピゲニン）、ミネラル（カリウム、カルシウム）、ロスマリン酸 |
| 作用 | 血液をきれいにする、炎症をおさえる、抗酸化 |
| 適応 | 生活習慣病などの予防 |
| 禁忌 | 特に知られていません |

## 縄文時代から使われてきたハーブ

シソの仲間で、韓国では焼肉やキムチなどにも使います。縄文時代の遺跡から発見され、日本で最も古いハーブのひとつです。抗酸化作用があり、また、エゴマ油に含まれるα-リノレン酸には生活習慣病を予防するはたらきがあります。

☐ おすすめの利用法

　天ぷらや漬け物がおすすめです。ティーにしてもよいでしょう。

☐ エピソード

　近年、種子からとるエゴマ油がヘルシー油として人気です。

# クコ
Chinese wolfberry

| 学名 | *Lycium chinense* |
|---|---|
| 和名 | 枸杞（クコ）、枸杞子（クコシ） |
| 科名 | ナス科 |
| 原産地 | 中国 |
| 使用部位 | 果実、葉、根 |
| 定植時期 | 3〜6月、もしくは9〜11月 |
| 特徴成分 | フラボノイド配糖体（ルチン）、カロテノイド（β-カロテン）、ビタミン（B群、C、E）、ミネラル（カリウム、カルシウム、鉄） |
| 作用 | 強壮、抗酸化 |
| 適応 | 生活習慣病の予防、血行を促進する、疲労回復 |
| 禁忌 | 妊娠中、授乳中の摂取 |

## 豊富なビタミンでアンチエイジングにも

オレンジの数百倍ものビタミンCを含むクコは、中国では不老長寿の特効薬とされ、赤い実はお粥やスープ、デザートなどにも使われています。実は「枸杞子(くこし)」、根皮は「地骨皮(じこっぴ)」という生薬として知られています。

□ おすすめの利用法
　若葉は、天ぷらやおひたしがおすすめです。ティーにしてもよいでしょう。

□ エピソード
　乾燥した果実をホワイトリカーに漬けて、果実酒にしてもよいでしょう。

# クズ
Kudzu

| 学名 | *Pueraria lobata* |
|---|---|
| 和名 | 葛（クズ）、裏見草（ウラミグサ）、クズカツラ |
| 科名 | マメ科 |
| 原産地 | 日本、中国 |
| 使用部位 | 根、葉、花 |
| 定植時期 | 4〜5月 |
| 特徴成分 | デンプン、イソフラボン（ダイジン、ダイゼイン、プエラリン） |
| 作用 | 血行を促進する、発汗、解熱、解毒、鎮痛 |
| 適応 | 風邪、肩こり、下痢、頭痛、更年期 |
| 禁忌 | 特に知られていません |

## デンプンが豊富な秋の七草

秋の七草のひとつです。根に含まれるデンプンは「クズ粉」として使われ、「クズ切り」など和菓子の材料にもなります。花も蔓も余すところなく利用されてきました。根は風邪予防の漢方薬「葛根湯(かっこんとう)」の原料として使われます。

□ おすすめの利用法
　根のデンプンはクズ粉として、花はティーにして用います。

□ エピソード
　『万葉集』では多くの歌に詠まれています。

# ゴマ
Sesame seed

| | |
|---|---|
| 学名 | *Sesamum indicum* |
| 和名 | 胡麻（ゴマ） |
| 科名 | ゴマ科 |
| 原産地 | アフリカ、インド |
| 使用部位 | 種子 |
| 定植時期 | 4月下旬～6月中旬に種まき |
| 特徴成分 | セサミン、ミネラル（カルシウム、鉄）、ビタミンE、オレイン酸、リノール酸 |
| 作用 | 抗酸化、炎症をおさえる、強壮 |
| 適応 | アンチエイジング、生活習慣病の予防、胃腸の不調 |
| 禁忌 | 特に知られていません |

## 「セサミン」でアンチエイジングに

油をとるために栽培された最古の植物です。ミネラルやビタミンをはじめ、栄養豊富なヘルシー食品ですが、セサミンの抗酸化作用で、老化防止やメタボ予防なども期待できます。アーユルヴェーダでは、油を体に塗って使用します。

□ おすすめの利用法
香ばしく炒って、料理やお菓子の風味づけに用います。

□ エピソード
漢方では腰痛や関節痛などに「黒胡麻」を処方します。

# セリ
Water dropwort

| | |
|---|---|
| 学名 | *Oenanthe javanica* |
| 和名 | 芹（セリ） |
| 科名 | セリ科 |
| 原産地 | 日本、中国、朝鮮半島 |
| 使用部位 | 葉、茎、根 |
| 定植時期 | 9月中旬～10月中旬 |
| 特徴成分 | ミネラル（鉄、カルシウム）、カロテノイド、ビタミンC、精油 |
| 作用 | 食欲を増進させる、発汗、尿の出をよくする |
| 適応 | 風邪のひき始め、冷え症、むくみ |
| 禁忌 | 特に知られていません |

## 春の香りの身近な薬草

春の七草の最初にあげられるセリは、『日本書紀』にも登場し、昔から日本人の生活に身近なハーブです。葉や茎はおひたし、和え物など食材として広く使われており、独特の香りが食欲をそそります。根はきんぴらなどにも利用されます。

□ おすすめの利用法
冷え症の人は、フレッシュの葉をハーバルバスに使用します。

□ エピソード
5月下旬頃から、セリによく似た猛毒の「ドクゼリ」が増えるので注意しましょう。

# チャ
Green tea

| | |
|---|---|
| 学名 | *Camellia sinensis* |
| 和名 | 茶（チャ）、茶の木（チャノキ） |
| 科名 | ツバキ科 |
| 原産地 | 中国南部 |
| 使用部位 | 葉 |
| 定植時期 | 3月初旬〜5月下旬 |
| 特徴成分 | カフェイン、タンニン（カテキン）、テアニン、ビタミンC |
| 作用 | 抗酸化、抗菌、精神を高揚させる、尿の出をよくする、発汗 |
| 適応 | 生活習慣病、口臭、精神疲労 |
| 禁忌 | 特に知られていません |

### カテキンやビタミンが豊富

カテキンには強い抗酸化作用があります。なかでもエピガロカテキンガレートは、コレステロールや体脂肪を下げるはたらきもあるので、メタボ対策にも使用されています。肌の調子をととのえるビタミンCも豊富に含まれています。

□ おすすめの利用法
お茶を飲んだあとの茶葉も、サラダや和え物などの料理に使われます。

□ エピソード
葉は同じでも、発酵度の違いで紅茶、ウーロン茶として用いられます。

# ハコベ
Chickweed

| | |
|---|---|
| 学名 | *Stellaria neglecta*（ミドリハコベ）<br>*Stellaria media*（コハコベ） |
| 和名 | 繁縷（ハコベ）、ヒヨコグサ |
| 科名 | ナデシコ科 |
| 原産地 | 中国、ブータン、インド、ニューギニア |
| 使用部位 | 葉、茎 |
| 定植時期 | 通年（種まき） |
| 特徴成分 | サポニン、フラボノイド、ビタミン（B、C）、ミネラル（カリウム、カルシウム） |
| 作用 | 止血、肌を引き締める、炎症をおさえる、抗菌 |
| 適応 | 歯茎や切り傷などの出血、歯槽膿漏の予防、湿疹、冷え症 |
| 禁忌 | 特に知られていません |

### 歯磨き粉のルーツともいえる春の七草

昔から、歯茎の出血や歯痛などに用いられ、江戸時代にはハコベをしぼった青汁に塩を加えて乾燥させた「ハコベ塩」で歯を磨きました。産後の浄血や月経過多などにも用いられ、肌をととのえるとされる女性にやさしいハーブです。

□ おすすめの利用法
生の葉はおひたしや七草粥に使います。ティーはドライにしてもよいでしょう。

□ エピソード
別名の「ヒヨコグサ」とは、鳥が好んで食べることからつけられました。

# ビワ
Loquat

| 学名 | *Eriobotrya japonica* |
|---|---|
| 和名 | 枇杷（ビワ） |
| 科名 | バラ科 |
| 原産地 | 中国 |
| 使用部位 | 葉、果実 |
| 定植時期 | 3～6月、9～10月 |
| 特徴成分 | タンニン、カロテノイド（カロテン、ルテイン）、アミグダリン、クエン酸 |
| 作用 | 炎症をおさえる、鎮痛、活力を与える |
| 適応 | かぶれ、湿疹、夏バテ、疲労、神経痛などの痛み |
| 禁忌 | 特に知られていません |

### 葉は薬草としても人気
葉は入浴の際に、あせもや湿疹などの改善に役立てます。江戸時代には、葉を煎じたティーを暑気払いに飲むなど薬草として盛んに用いられました。葉の上にお灸をのせて行う温灸療法などがよく知られ、神経痛や関節炎などに用います。

□ おすすめの利用法
ビワの実を酒に漬け込んで、ビワ酒にしてもおいしいです。

□ エピソード
古い仏教法典では「大薬王樹」の名で紹介されています。

# ユズ
Yuzu

| 学名 | *Citrus junos* |
|---|---|
| 和名 | 柚子（ユズ） |
| 科名 | ミカン科 |
| 原産地 | 中国 |
| 使用部位 | 果実、果皮、種子、葉 |
| 定植時期 | 3～4月 |
| 特徴成分 | ビタミンC、クエン酸、フラボノイド配糖体（ナリンギン、ヘスペリジン）、精油（α-ピネン、リモネン） |
| 作用 | 血行を促進する、抗菌、発汗、消化機能活性化 |
| 適応 | 疲労、冷え症、食欲不振、風邪 |
| 禁忌 | 特に知られていません |

### 食欲を高める香りで、不調も解消
鍋物や麺類、酢の物をはじめ、薬味や風味づけに欠かせないユズは、独特の甘い香りと苦味がさわやかで食欲を増進させます。冬至のユズ湯は、血行を促進して体を芯から温めるだけでなく、乾燥した肌にうるおいを与えてトラブルを防ぎます。

□ おすすめの利用法
果汁や果皮は料理の香りづけに使用します。果皮は入浴剤やティーにもおすすめです。

□ エピソード
揚子江上流が原産とされ、寒さにも強い柑橘類として知られています。

# ワサビ
Wasabi Japanese horseradish

| | |
|---|---|
| 学名 | *Wasabia japonica* |
| 和名 | 山葵（ワサビ） |
| 科名 | アブラナ科 |
| 原産地 | 日本 |
| 使用部位 | 地下茎、茎、葉、花 |
| 定植時期 | 3～4月、もしくは10月 |
| 特徴成分 | イソチオシアネート類、シニグリン、ビタミン、ミネラル |
| 作用 | 抗菌、消化機能活性化、抗酸化、強壮 |
| 適応 | 食欲不振、消化器系の不調 |
| 禁忌 | 特に知られていません |

## 鼻に抜ける独特の香りとさわやかな味

そばや寿司などに欠かせない薬味として知られています。抗菌作用があり、抗菌グッズにも使われています。食欲増進や消化促進のはたらきもあります。葉や花、茎も、おひたしや和え物、漬け物などに使われます。

□ おすすめの利用法
　根は食べる直前に細かくおろすと、風味豊かになります。

□ エピソード
　奈良時代には、すでに薬用として野生のワサビが使用されていました。

---

## Column

# 世界の ミックススパイス2

### アジアのミックススパイス

●七味唐辛子

配合はメーカーによって違いますが、基本は「二辛五香（にしんごこう）」です。これは辛さに特徴のあるものを2種類、香りを重視したものを5種類配合するということです。カイエンペッパー（唐辛子）、サンショウ、陳皮（ちんぴ）、青のり、ゴマ、麻の実、けしの実などがよく使われます。ジンジャーやユズを加える場合もあります。

●五香粉（ウーシャンフェン）

中国を代表するミックススパイスです。花椒（またはサンショウ）、クローブ、シナモンの3種類、スターアニス、フェンネル、陳皮のうち2種類、計5種類のスパイスのパウダーを配合するのが一般的です。下味から調味まで、さまざまな食材に幅広く使えます。

●ガラムマサラ

インドの代表的なミックススパイスで、3～10種類のスパイスが配合されています。よく使われるものは、カルダモン、クローブ、クミン、シナモン、ナツメグ、ペッパーなどで、好みによってブレンドします。料理の最後に、香りや辛みを高める仕上げとして使われます。

　このほかにも、カレー粉をはじめ、フランスの「カトルエピス」や中近東の「ザーター」、エジプトの「ダッカ」など、世界にはさまざまなミックススパイスがあります。手軽にいろいろな国の味に近づけられるので、料理にとり入れてみましょう。

# 巻末付録
## Appendix

# ハーブ&ライフ検定の例題

ハーブ&ライフ検定試験の問題は、すべてこのテキストに書かれている内容から出題されます。
テキストの勉強をひととおり終えたあとで、以下の例題に挑戦してください。

### 例題1　次の説明で、誤っているものを選びなさい。

① 紀元前1000年頃のインドでは、アーユルヴェーダの書物にハーブ・スパイスが記されている。
② 古代ギリシャでは、紀元前400年頃にディオスコリデスが『薬物誌』を著した。
③ 漢代の中国では、クローブが息を清める香薬として使われた。
④ 古代エジプトでは、ミイラの腐敗防止にクローブやシナモンが使われた。
⑤ 紀元前1700年頃には、アロエをはじめとする700種ものハーブ・スパイスの記録が残されている。

### 例題2　ハーブ・スパイスの主な作用について、誤っているものを選びなさい。

① 心身のバランス調整
② 炎症や痛みの緩和
③ ビタミン、ミネラルの供給
④ 細胞の酸化促進
⑤ 病原菌の増殖抑制

### 例題3　ハーブ・スパイスを安全に使用するための説明で、誤っているものを選びなさい。

① ドライのものを購入するときは、食品に分類されているものを選ぶ。
② 信頼できる店で、大量に買う。
③ 決められた使用部位だけを使用する。
④ 小さな子ども、お年寄りは、薄めるなどして使用する。
⑤ 遮光ビンに入れ、冷暗所に保存する。

### 例題4　ハーバルバスの目的について、誤っているものを選びなさい。

① 保湿　② 血行促進　③ 発汗抑制　④ リラックス　⑤ 抗菌

### 例題5　サシェの説明で、誤っているものをえらびなさい。

① 部屋の芳香剤・消臭剤として用いる。
② ポプリを布袋に入れて作ったものである。
③ ペットにも使うことができる。
④ オレンジにクローブを刺したものは特に好まれている。
⑤ 香りを立たせるために精油を加えてもよい。

**例題 6** 次の説明で、誤っているものを選びなさい。

① 鉢底ネットを敷いたあとに、軽石を底が隠れるくらいに入れた。
② カルシウムは植物の生長に多く必要とされる、大量三要素のひとつである。
③ タイムやラベンダーは挿し木で殖やせる。
④ オレガノやスイートマジョラムは株分けで殖やせる。
⑤ 種をまいた直後なので霧吹きで水を与えた。

**例題 7** 次の組み合わせのうち、正しいものを選びなさい。

① ショウズク ― サフラン
② ハナハッカ ― ペパーミント
③ タチジャコウソウ ― タイム
④ ウイキョウ ― アニス
⑤ メボウキ ― ディル

**例題 8** 科名は「ショウガ科」、使用部位は「根茎」、「カレーパウダーに不可欠」で、「肝臓の機能低下に使う」ハーブ・スパイスを選びなさい。

① ジンジャー
② ターメリック
③ カルダモン
④ ゲットウ
⑤ フェネグリーク

**例題 9** 次のハーブ・スパイスの科名と使用部位の組み合わせで、誤っているものを選びなさい。

① ガーリック ― ネギ科（ユリ科） ― 鱗茎
② サフラン ― アヤメ科 ― 柱頭
③ ローズマリー ― キク科 ― 葉
④ スターアニス ― マツブサ科（シキミ科） ― 果実
⑤ マスタード ― アブラナ科 ― 種子

**例題 10** 次の説明で、誤っているものを選びなさい。

① クズの根には、デンプンが多く含まれる。
② クコの実には、ビタミンCが多く含まれる。
③ アシタバの葉には、ビタミンやミネラルが多く含まれる。
④ ワサビの地下茎には、カプサイシンが多く含まれる。
⑤ スギナには、ケイ素が多く含まれる。

# 解答

**例題1** 解答：② ディオスコリデスが『薬物誌』を著したのは、古代ローマ時代です。

**例題2** 解答：④

**例題3** 解答：② ハーブ・スパイスは、信頼できる店で少量ずつ購入します。

**例題4** 解答：③

**例題5** 解答：④ オレンジにクローブを刺して作るのは、フルーツポマンダーです。

**例題6** 解答：② 植物の生長に多く必要とされる大量三要素のひとつは、カリ（カリウム）です。

**例題7** 解答：③

**例題8** 解答：②

**例題9** 解答：③ ローズマリーはシソ科のハーブです。

**例題10** 解答：④ カプサイシンを含むのは、カイエンペッパーです。

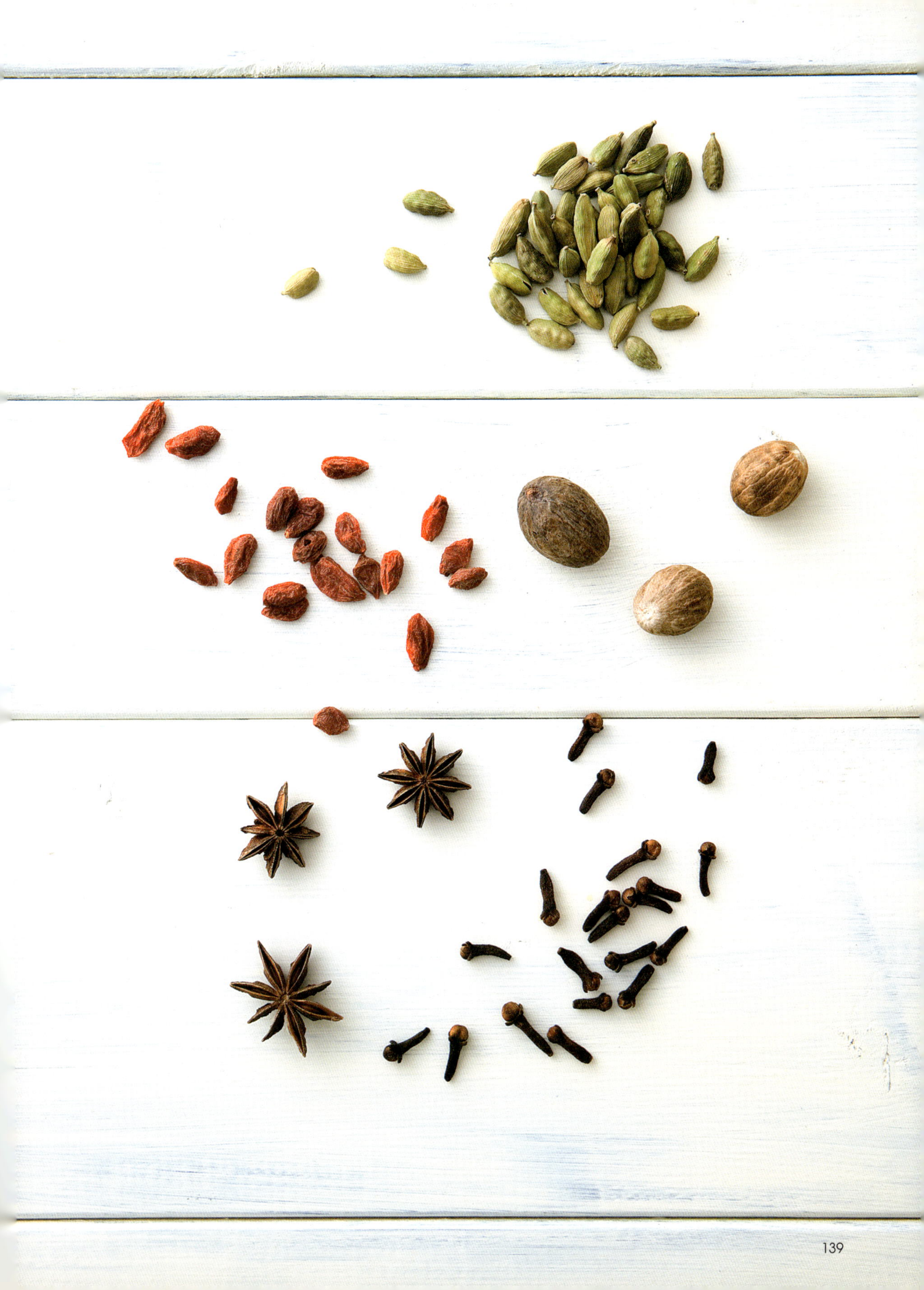

# 用語集

## ア

**【アーユルヴェーダ】**
インドの伝統医学。

**【足浴】**
部分浴法のひとつで、バケツなどに湯を入れ、足だけをつける。

**【アロマセラピー】**
精油を使用する自然療法。芳香療法。

**【温湿布】**
ハーブ・スパイスの活用法のひとつ。ハーブ・スパイスの成分を湯で抽出して布をひたし、湿布する。フェイシャルマスクの際に用いる。

## カ

**【学名】**
植物などにつけられる世界共通の名称。属名、種小名の順に表記される。

**【カリ】**
肥料の大量三要素のひとつで、根の発育を促す。カリウム。

**【揮発性】**
常温で液体が気体となって空気中に発散する性質。

**【強壮作用】**
体の機能を活性化させる作用。

**【苦味質】**
ハーブ・スパイスに含まれる苦み成分。健胃作用がある。

**【健胃作用】**
胃の機能を高める作用。

**【抗菌・抗ウイルス作用】**
細菌やウイルスの増殖をおさえる作用。

**【抗酸化作用】**
細胞の酸化を抑制し、老化を遅らせる作用。

## サ

**【自然治癒力】**
人間や動物に備わっている、病気やケガを治そうとする力。

**【自然療法】**
人がもつ自然治癒力を高めて病気を治そうとする療法。

**【遮光ビン】**
紫外線を避けるため、茶色などに着色されたビン。

**【収れん作用】**
肌を引き締める作用。

**【蒸気吸入】**
ハーブ・スパイスの活用法のひとつ。ハーブ・スパイスに熱湯を注いで、立ち上る湯気を吸入する。

**【脂溶性】**
油に溶けやすい性質。

**【植物療法】**
植物を利用する自然療法。

**【水溶性】**
水に溶けやすい性質。

**【精油】**
植物に含まれる脂溶性の芳香成分。エッセンシャルオイルとも呼ばれる。

## タ

【 タンニン 】
植物に含まれる渋み成分。抗酸化作用をもつ。

【 窒素 】
肥料の大量三要素のひとつで、葉や茎の生育を促す。

【 チベット伝統医学 】
チベット文化圏の伝統医学。

【 中国伝統医学 】
中国を中心とする東アジアの伝統医学。

【 鎮痛作用 】
痛みを軽くする作用。

【 手浴 】
部分浴法のひとつで、洗面器などに湯を入れ、手だけをつける。

## ナ

【 粘液質 】
ハーブ・スパイスに含まれる粘りけのある成分。粘膜を保護する作用をもつ。

## ハ

【 ハーバルバス 】
ハーブ・スパイスの活用法のひとつ。ハーブ・スパイスを湯に入れて入浴する。

【 半身浴 】
入浴法のひとつで、みぞおちから下を湯につけて入浴する。

【 フェイシャルスチーム 】
ハーブ・スパイス活用法のひとつ。ハーブ・スパイスに熱湯を注いで、立ち上る湯気を顔に当てる。

【 部分浴 】
入浴法のひとつで、体の一部分だけを湯につける。足浴・手浴がある。

【 フラボノイド 】
植物に含まれる成分のひとつで、色素成分が多い。

【 芳香成分 】
植物がもつ香り成分。

【 芳香浴 】
ハーブ・スパイス活用法のひとつ。ハーブ・スパイスに熱湯を注いで、香りと湯気を室内に拡散させる。

【 ホール 】
ドライのハーブ・スパイスで葉や種子の形を残している状態。

【 ポリフェノール 】
抗酸化作用のある物質。色素成分として、ハーブ・スパイスに多く含まれる。

## ヤ

【 ユナニ医学 】
イスラム文化圏の伝統医学。

## ラ

【 リン酸 】
肥料の大量三要素のひとつで、花や実の生長を助ける。

【 冷湿布 】
ハーブ・スパイスの活用法のひとつ。ハーブ・スパイスの成分を湯で抽出して冷やし、布をひたして湿布する。フェイシャルマスクの際に用いる。

# おわりに

これで検定の出題範囲はおしまいです。
本協会では、ハーブ&ライフ検定とメディカルハーブ検定、ふたつの検定試験を実施し、それにつながる「ハーブ&ライフコーディネーター」と「メディカルハーブコーディネーター」の資格を認定しています。
また、その他にも、メディカルハーブの安全性、有用性を正しく普及させるために次のような資格を認定しています。
ご自分にあった資格を探し、ぜひチャレンジしてみてください。さまざまな場所でご活躍されることを願っています。

## ハーバルセラピスト

科学的、体系的な知識に基づいて30種類のメディカルハーブと12種類の精油の有用性を深く理解し、季節や体調の変化に応じた健やかでホリスティックなライフスタイルを提案できる専門家です。
メディカルハーブをご自身やご家族の健康維持・増進に役立てることができ、ハーブショップ、ドラッグストアやアロマセラピーサロンなどで、メディカルハーブを活かしたホームケアとしてのライフスタイルをアドバイスすることができます。
また、協会の認定を受けた認定教室で講師を務めることができます。

＊認定校または認定教室でハーバルセラピストコースを受講・修了し、認定試験に合格した方が取得できます。

## 日本のハーブセラピスト

日本の長い歴史の中で、日常生活や行事などで使用されてきたハーブに関する歴史的、科学的な知識を身につけます。
30種類の日本のメディカルハーブと、生活圏や山野などで見かけることのある16種類の日本の有毒植物を詳しく学びます。
日本で利用されてきたハーブの特徴や有用性、さらに法制度と安全性を理解し、正しい知識をもってご自身やご家族の健康維持、増進に役立てることができる専門家です。
また、協会の認定を受けた認定校または認定教室で日本のハーブセラピストコースの講師を務めることができます。

＊ハーバルセラピスト有資格者で、かつ、認定校または認定教室で日本のハーブセラピストコースを受講・修了し、認定試験に合格した方が取得できます。

## シニアハーバルセラピスト

ハーバルセラピストで学んだ30種類のメディカルハーブの成分や作用、安全性や有用性をさらに深く学びます。
ストレスや生活習慣から生じる、様々なケースに応じた「植物療法」の実践を目指す、メディカルハーブの専門家です。
また、協会の認定を受けた認定校および認定教室でハーバルセラピストコースの講師を務めることができます。

＊ハーバルセラピスト有資格者で、かつ、認定校でシニアハーバルセラピストコースを受講・修了し、認定試験に合格した方が取得できます。

## ハーバルプラクティショナー

植物療法で汎用される40種類のメディカルハーブの成分や作用、さらに安全性や有用性を「植物化学」の視点から深く理解し、ハーブの化学の専門家を目指します。
また、協会の認定を受けた認定校でハーバルプラクティショナーの講師を務めることができます。

＊シニアハーバルセラピスト有資格者で、かつ、認定校でハーバルプラクティショナーコースを受講・修了し、認定試験に合格した方が取得できます。

## ホリスティックハーバルプラクティショナー

ハーブの知識だけでなく、基礎医学をベースにさまざまな代替医療の概要を理解し、肉体的・精神的な健康だけでなく、スピリチュアルな視点からも健康を提案できるメディカルハーブを中心としたホリスティックな専門家です。

＊ハーバルセラピスト有資格者で、かつ、認定校でホリスティックハーバルプラクティショナーコースを受講・修了し、認定試験に合格した方が取得できます。

いずれも、資格認定を受けるには会員であることが条件となります。
認定校、講座、資格についてなど、詳しくお知りになりたい方は、本協会ウェブサイトをご覧ください。
http://www.medicalherb.or.jp/

特定非営利活動法人<br>日本メディカルハーブ協会検定委員会

## Staff

デザイン・DTP … 中務慈子
イラスト ………… 秋葉あきこ
料理指導 ………… 松村眞由子
料理協力 ………… 栗原範江・小島佐紀子
撮影 ……………… 邑口京一郎
スタイリング・ドリンク制作 …… 小坂桂
写真協力 ………… 武田薬品工業株式会社 京都薬用植物園
　　　　　　　　　amanaimages
　　　　　　　　　アフロ
　　　　　　　　　Rob & Ann Simpson/Visuals Unlimited/
　　　　　　　　　ゲッティ イメージズ
編集協力 ………… 株式会社オメガ社

# ハーブ＆ライフ検定テキスト

◎協定により検印省略

2025年3月25日　第8刷発行

監修者　　特定非営利活動法人日本メディカルハーブ協会検定委員会
発行者　　池田士文
印刷所　　株式会社光邦
製本所　　株式会社光邦
発行所　　株式会社池田書店
　　　　　〒162-0851　東京都新宿区弁天町43番地
　　　　　電話 03-3267-6821(代)／振替 00120-9-60072

落丁・乱丁はおとりかえいたします。
©Japan Medical Herb Association, K.K.Ikeda Shoten 2015, Printed in Japan
ISBN978-4-262-16936-1

本書のコピー、スキャン、デジタル化等の無断複製は著作権法上での例外を除き禁じられています。本書を代行業者等の第三者に依頼してスキャンやデジタル化することは、たとえ個人や家庭内での利用でも著作権法違反です。

25018503